牛顿 科学馆

Newton
Science Museum

橡皮几何学漫谈

王敬赓◎编著

U0251169

北京师范大学出版集团
BEIJING NORMAL UNIVERSITY PUBLISHING GROUP
北京师范大学出版社

图书在版编目(CIP)数据

橡皮几何学漫谈/王敬赓编著. —北京:北京师范大学出版社,
2017.6(2018.12重印)
　(牛顿科学馆)
　ISBN 978-7-303-21942-1

Ⅰ.①橡… Ⅱ.①王… Ⅲ.①几何学－普及读物 Ⅳ.①O18-49

中国版本图书馆 CIP 数据核字(2017)第 015807 号

营 销 中 心 电 话　010-58805072　58807651
北师大出版社学术著作与大众读物分社　http://xueda.bnup.com

出版发行:北京师范大学出版社 www.bnup.com
　　　　　北京市海淀区新街口外大街 19 号
　　　　　邮政编码:100875
印　　刷:三河市兴达印务有限公司
经　　销:全国新华书店
开　　本:890 mm×1240 mm　1/32
印　　张:8
字　　数:180 千字
版　　次:2017 年 6 月第 1 版
印　　次:2018 年 12 月第 2 次印刷
定　　价:30.00 元

策划编辑:岳昌庆　　　　责任编辑:岳昌庆　李启超
美术编辑:王齐云　　　　装帧设计:王齐云
责任校对:陈　民　　　　责任印制:马　洁

序 言

　　按照近代数学的观点，有一类变换就有一种几何学。初等几何变换既是初等几何研究的对象，又是初等几何研究的方法。《几何变换漫谈》较为详细地介绍了平移、旋转、轴反射及位似等初等几何变换的性质，并配有应用这些变换解题的丰富的例题和习题。书中还通过平行投影和中心投影，简要地介绍了仿射变换和射影变换。最后还直观形象地介绍了拓扑变换。

　　哲学家笛卡儿通过建立坐标系，用代数方法来研究几何，具体说就是用方程来研究曲线，这就是解析几何方法的实质。解析几何最初就叫坐标几何。《解析几何方法漫谈》通过解析几何创立的历史，解析几何方法与传统的欧几里得几何方法的比较，对解析几何方法进行了深入的分析，并介绍了解析几何解题方法的若干技巧，如轮换与分比、斜角坐标系的应用、旋转与复数及解析几何方法的反用，等等。

　　为了扩大青少年朋友们关于近代几何学的视野，向他们尽可能通俗直观地介绍一点关于拓扑学——外号叫橡皮几何学——的知识，《橡皮几何学漫谈》选择了若干古老而有趣的、但属于拓扑学范畴的问题，包括哥尼斯堡七桥问题、关于凸多面体的欧拉公式以及地图着色的四色问题，等等。当然也通俗直观地介绍关于拓扑学的一些基本概念和方法，还谈到了纽结和链环等。

　　北京师范大学出版社将上述 3 本"漫谈"，收录入该社编辑的科普丛书——"牛顿科学馆"同时出版。

　　努力和尽力为广大青少年数学爱好者做一点数学普及工作，是我心中的一个挥之不去的愿望，谨以上述 3 本"漫谈"贡献给广大读者。

　　我把这 3 本小书都取名为"漫谈"，以区别于正统的数学教科书，希望这几本小书能体现科学性、趣味性和思想性的结合，努力实现"内容是科学的，题材是有趣的，叙述是通俗直观的，阐述的思想是深刻的"这一写作目标。

　　著名数学教育家波利亚曾指出，数学教育的目的是"教年轻人学会思考"。因此，讲解一道题时，分析如何想到这个解法，比给出这个解法更重要。遵循波利亚这一教导，在各本"漫谈"的叙述方式上，都力求尽可能说清楚"如何想到的"。始终不忘"训练思维"这一核心宗旨，这也可以说是上述 3 本"漫谈"的一个显著特点。总结起来就是从引起兴趣入手，通过训练思维，从而达到提高能力的目的。

王敬赓
2016 年 6 月于北京师范大学

前　言

　　橡皮几何学，或者说橡皮膜上的几何学，顾名思义是研究画在橡皮膜上的几何图形有哪些性质。橡皮膜具有极好的弹性，可以任意弯曲、拉伸、扭转，当然不要撕破它，也不要使其互相粘连——我们把这些操作称为橡皮变形。研究几何图形在橡皮变形下有哪些不变的性质的学科，这就是橡皮几何学，也就是拓扑学。拓扑学，是一个根据英文单词（topology）发音直译过来的名词。橡皮几何学是拓扑学的一个形象而通俗的说法，或者说橡皮几何学是拓扑学的一个"外号"。

　　拓扑学是几何学的年轻分支之一，作为近代数学的一门基础理论学科，拓扑学已经渗透到数学的许多分支以及物理学、化学和生物学之中，而且在工程技术中也取得了广泛的应用。因此将拓扑学的基本思想和方法直观地、通俗地介绍给青年学生，开阔他们的视野，激发他们的兴趣，是很有意义的事。前辈著名拓扑学家江泽涵、姜伯驹等在 20 世纪 60 年代都曾做过这方面的工作，就拓扑学的某个专题为青少年编写过科普小册子。

　　我曾在北京师范大学数学系高年级开设选修课程"直观拓扑"，北京师范大学出版社出版了该课程的教材。《直观拓扑》教材受到姜伯驹院士的肯定和赞扬，他指出："浅的书要写得好是很不容易的。题材要引人入胜；讲法要直观易懂；内容又要经得起推敲，不能以谬传谬。这本书兼顾了这几方面的要求，是难能可贵的。

我希望师范院校能够推广这样的课程，并且也向广大的数学爱好者推荐这本书。"由于该书属于大学教材序列，中学生阅读起来有些困难。这次恰逢北京师范大学出版社编辑出版"牛顿科学馆"科普丛书，在出版社编辑岳昌庆的建议下，我从《直观拓扑》中选择部分有趣的题材，适当改写，以期成为一本适合中学生阅读的科普读物，取名为《橡皮几何学漫谈》，作为该丛书中的一本。

本书开头的两章，即§1和§2介绍拓扑学的基本概念：拓扑变换（橡皮变形）和同胚。

§3介绍连续性的几个有趣的应用。

关于凸多面体的顶点数、棱数和面数的关系式，即著名的欧拉公式，还有著名的"七桥问题"，是在拓扑学成为一门独立的学科以前，由欧拉发现和解决的拓扑问题。由于这些古老而有趣的拓扑问题可以用初等方法说明，因而可以向中学生介绍，这就是本书§4～§9的内容。

其他有趣的内容还包括地图着色问题（四色问题和五色定理）、曲线内部和外部（约当曲线定理）和不动点定理等，可以用直观的方法证明它们，这就是本书§10～§12的内容。

曲面拓扑学部分将介绍几个奇特的单侧曲面（莫比乌斯带、射影平面和克莱因瓶）和闭曲面的分类定理，这就是本书§13和§14的内容。

本书还将简要介绍绳圈的拓扑学（纽结和链环）。最后还要涉及一点近代颇有争议的数学应用——初等突变模型，这就是本书最后三章，即§15～§17的内容。

本书编者对自己提出的编写要求是兼顾科学性和趣味性，尽力做到选材是有趣的，讲述是通俗直观的，知识内容是科学的，阐述的数学思想和方法是深刻的。

多数章节的最后给出了少量的习题，供读者练习之用。做练习可以帮助读者理解和掌握概念和方法。书末给出了习题的解答，供读者参考。

本书是为广大中学生朋友编写的课外读物，也可供数学爱好者阅读。

本书是在北京师范大学出版社的支持和帮助下完成的，特此致谢。书中的不足之处，恳请读者朋友批评指正。

王敬赓
2015 年 9 月于北京师范大学

目　录

§1. 拓扑，外号叫橡皮几何学
——从平面几何到拓扑学

我们在初中学习过平面几何，如果有人问你什么是几何，你怎么回答呢？你会回答说，几何是研究图形（包括各种三角形和各种四边形及圆等）的几何性质的一门学科。那么，如果再问什么是几何性质呢？图形的哪些性质是图形的几何性质呢？我们研究三角形时，这个三角形是用铅笔画在纸上的呢，还是老师用粉笔画在黑板上的呢，还是用几何画板画在电脑屏幕上的呢？显然，这些都不是我们所关心研究的内容，我们只研究三角形的形状和大小，与三角形有关的各种线段、各种角及它们之间的关系，等等。这些才是图形的几何性质。

我们还发现，诸如线段的长度，三角形的面积，以及直线间的平行、垂直等关系，这些都与图形在平面上的位置无关。可见，我们所研究的图形的性质，是与图形在平面上的位置无关的性质。

将上述事实换一个说法就是，我们所研究的图形的性质，是图形经过"搬动"以后不改变的性质。所谓"搬动"图形包括将图形"平行移动"（简称平移）、"绕一点的旋转"（简称旋转）和"以一条直线为轴的反射"（简称轴对称），以及它们的复合。或者用更有"数学味儿"的话说，就是图形经过平移变换、旋转变换和轴对称变换，以及它们的复合以后不改变的性质。由于在上述变换下，平面上任意两点间的距离保持不变，因此我们将这些变换统称为"等距变换"。我们看到一个图形经过等距变换以后，所得到的图形与原来的图形，形状相同且大小相等，只是在平面上的位置不同罢了，我们称这两个图形"全等"。因此，我们也可以说，我们在平面几何中所研究的图形的性质，是指图形在等距变换下不变的性质，或者说是全等的图形所共有的性质。图形的这些性质，称为图形的度量性质。图形的度量性质的研究，就构成平面的欧氏度量几何学，也就是我们通常的平面几何。

如果我们把上述等距变换中的"等距"条件放宽一点，允许图形经过变换后，有一定程度的"失真"，即不要求任意两点间的距离保持不变，只要求变换后两点间的距离是原来距离的 k 倍，$k>0$，k 不必是整数。平面上的图形，经过这个变换以后，大小改变了，但形状不会改变。我们把形状相同（大小不必相等）的两个图形称为相似的图形。因此，我们把平面上的上述变换，叫作相似变换，k 叫作相似比。图形在相似变换下不变的性质称为图形的相似性质，图形的相似性质的研究，构成平面相似几何学。一个图形所具有的性质，如果和它相似的所有图形都具有，那么这个性质就属于相似几何学研究的内容。当相似比 $k=1$ 时，相似变换就变成等距变换，所以相似变换是等距变换的推广，或者说等距变换是相似变换的特例。

如果我们把变换的条件再大大地放宽，允许图形经过变换后，有更大程度的"失真"，即允许对一个图形施行拉伸、压缩、弯曲等任意变形，只要求在变形过程中，不把原来不同的点融合成一点，也不产生新的点，也就是只要求把原来是"邻近的"点，还变成"邻近的"点，原来不是"邻近的"点，还变成不是"邻近的"点。经过这样的变换所得到的新图形和原来的图形称为是同胚的。这个变换称为拓扑变换。拓扑变换也称为同胚映射。为了更直观形象地了解拓扑变换，我们想象把图形画在一个极富弹性的橡皮薄膜上，将橡皮薄膜任意拉伸、压缩、弯曲，只要不撕破（撕破就产生新的点了），也不使它粘连（粘连就把原来不同的点融合成一点了），上述橡皮变形就是拓扑变换，经过上述橡皮变形后得到的图形与原图形同胚。图形在拓扑变换（橡皮变换）下不变的性质称为图形的拓扑性质。图形的拓扑性质的研究，就构成拓扑学。于是，人们给拓扑学起了一个很形象的"外号"——橡皮几何学，或橡皮膜几何学。橡皮变换（拓扑变换）甚至还允许先将橡皮膜沿其上一条曲线剪开，进行上述变形后，再沿着原来剪开的地方，把一剪为二的点再合成原先的一个点——我们将其称为广义的橡皮变换。

前面介绍的平面上的等距变换和相似变换都是拓扑变换的特例。因此拓扑学是欧氏度量几何学和相似几何学的推广。在拓扑变换下，图形的形状和大小一般都要改变，所以拓扑学中不研究图形的形状和大小，没有长度、角度和面积等概念。拓扑学中只关心点之间的"邻近"关系——即相互位置关系，所以在历史上拓扑学形成一门独立学科以前，德国数学家莱布尼茨在 1676 年就称它为"位置分析"或"位置几何学"。

把互相"邻近的"点还变成互相"邻近的"点的映射称为连续映射。因此，连续性是拓扑学研究的重要内容（见本书 §3）。

下面我们来看几个同胚的图形的例子。

例 1　如图 1.1，设 s 是以 O 为中心的半圆周去掉它的两个端点 P 和 Q，l 是与半圆相切且平行于直径 PQ 的直线。以 O 为投射中心作中心投影，把半圆周 s 的点投射成直线 l

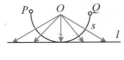

图 1.1

上的点，这个中心投影就是一个同胚映射。因此，直线与没有端点的半圆周同胚。进而，半圆周又可拉直成没有端点的线段，而"拉直"是一个拓扑变换，因此，半圆周同胚于没有端点的直线段。因而，直线和任意一个去掉两个端点的线段同胚。

例 2　正三角形和它的外接圆同胚。如图 1.2 所示的中心投影就是所要求的同胚映射。也可以直观地说明，任意一个三角形和圆同胚：我们把三角形框看成是橡皮做的，用手撑一撑，就成了圆圈了。不仅仅是三角形与圆同胚，四边形及任一个多边形

图 1.2

都与圆同胚。更一般地，任意一个简单（即自身不相交的）封闭曲线都与圆同胚。

由橡皮变形我们可以得到同胚图形的更多的例子。

例 3　如图 1.3 中所给出的四个中空立体图形的表面，想象它们都是弹性极好的橡皮薄膜做成的，往里吹气，它们都能膨胀起来变成一个圆球，于是它们是互相同胚的，都同胚于球面。又如图 1.4 中所给出的四个封闭曲线，想象它们都是弹性极好的橡皮筋做成的，前三个图形，很容易变成一个圆圈。最后一个是空间曲线，用广义的橡皮变形（先剪断，将打的结解开，再把剪断的地方接起来），也得一个圆圈。于是这四个封闭曲线是互相同胚的，都同胚于圆周。在拓扑学中，同胚的图形看成是"一样的"。因此，在拓扑学家眼里，图 1.3 中所给出的四个中空立体图形和球面都是"一样的"；图 1.4 中所给出的四个封闭曲线和圆周都是"一样的"；碗和盘子也是不加区别的。如图 1.5。

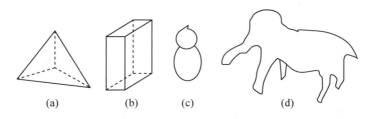

图 1.3

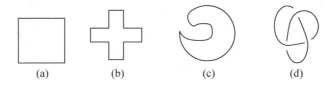

图 1.4

图 1.5

§2. 几个最简单的拓扑不变量

在§1中我们介绍了拓扑变换，也就是橡皮变形，它允许图形有很大的"失真"，那么图形经过拓扑变换，也就是橡皮变形以后，还有哪些性质是不改变的呢？如何判断两个图形是"同胚"的呢？

判定两个图形是否同胚，或者是否不同胚，是拓扑学研究的一个重要内容。如果我们能在两个图形之间，找到一个拓扑变换，或者说，可以经过橡皮变形，把其中一个变成另一个，则我们即可断言它们是同胚的。例如§1的例1和例2中的中心投影，或者如例3中的橡皮变形，就是符合要求的同胚映射，由于在两个图形之间存在同胚映射，因此我们可以断言，它们是同胚的。但是当我们对于给定的两个图形，没有找到它们之间的同胚映射，能就此断定它们是不同胚的吗？"没有找到"并不等于"不存在"，你没有找到，也许别人会找到呢；你现在没有找到，也许以后会找到呢。因为我们要断言两个图形不同胚，必须证明这两个图形之间"不存在"，或"根本不可能存在"一个同胚映射，而要直接证明这一点是很困难的——我们不可能将所有的同胚映射全部拿来逐一检验，并将它们全都排除，这样做是办不到的。我们得另想办法。这里得用图形的拓扑性质，或拓扑不变量。图形的拓扑性质，是指图形在拓扑变换下不改变的性质，也就是同胚的图形所共有的性质。图形的拓扑不变量是指图形在拓扑变换下不改变的某个量，也就是同胚的图形所共有的某种量（为了描述方便，以后我们将拓扑性质和拓扑不变量不加区别，统一说成拓扑不变量）。于是，两个图形若同胚，则这两个图形一定具有相同的拓扑不变量。因此，若两个图形的某个拓扑不变量不同，则必不同胚（推理的方法是反证法：假设它们同胚，则它们一定具有相同的拓扑不变量，而已知它们有某个拓扑不变量不同，矛盾了，所以它们不同胚）。这是证明两个图形不同胚常用的方法。

下面给出图形的几个最简单的拓扑不变量。

§2.1　连通性及连通分支的个数

从直观上说，连在一起的图形称为是连通的。如果一个图形是由互不相连的几个部分组成的（每一部分是连通的），则称该图形是不连通的，每一个部分称为一个连通分支。组成图形的互不连接的部分的数目，称为该图形的连通分支的个数。特别地，当一个图形的连通分支的个数是 1 时，该图形是连通的。很明显，一个图形是不是连在一起的，以及不连通时分成几块，这些性质经过橡皮变形都是不会改变的。因此，一个图形的连通性及连通分支的个数是这个图形的一个拓扑不变量。例如分别由阿拉伯数字 10 和数字 6 组成的两个图形，（如图 2.1(a)（b)）它们的连通分支的个数不同，前者是 2，后者为 1，或者说，前者是不连通的，而后者是连通的，所以它们是不同胚的。

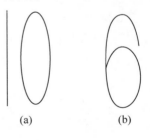

(a)　　　　(b)

图 2.1

§2.2　连通区域的连通重数(单连通、双连通、三连通、多连通、n 重连通等)

对于平面区域，如图 2.2(a)是一个圆盘，图 2.2(b)是一个平环，它是由两个同心圆及包含在这两个同心圆之间的部分组成的，这两个图形都是连通的，但它们并不同胚。在平面区域图 2.2(a)中，任意一条封闭曲线 c 都能经过连续变形"收缩"成这个区域内的一个点，我们把具有这种性质的区域称为是单连通的。平面区域图 2.2(b)不是单连通的，这是由于在平环上，包围其内边界圆周的任一条封闭曲线 c，都不能经过连续变形"收缩"成这个区域内的一个点。因为这条封闭曲线 c 在"收缩"过程中，无法越过位于平环中间的那个圆洞而"收缩"成这个区域内的一个点。不是单连通的区域称为是多连通的。如果沿一条半径把区域图 2.2(b)切开(如图 2.3)得到的区域是单连通的，那么区域图 2.2(b)称为双连通的。包含两个"洞"的区域(如图 2.4(a))必须切割两次才能变成一个单连通区域(如图 2.4(b))，这样的区域(如图 2.4(a))称为是三连通的。

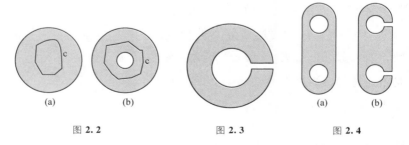

(a)　　(b)　　　　　　　　　　　　　　(a)　　(b)

图 2.2　　　　　　　图 2.3　　　　　　图 2.4

一般地，如果必须作 $n-1$ 次彼此不相交的从边界到边界的切割，才能把给定的多连通区域 D 变成单连通区域，那么这个区域

D 就称为 n 重连通的。平面上一个区域的连通重数是这个区域的一个重要拓扑不变量。因而，包含"洞"的个数不同的平面区域是不同胚的，因为它们连通重数不同。

§2.3　割点的个数

在一个图形(如图 2.5(a)的∞字形)上有这样的点 x，去掉该点后，余下的是一个不连通的图形(如图 2.5(b))，具有这种性质的点，称为图形的割点。∞字形上的点 x 是一个割点。∞字形上的与点 x 不同的任何一点 x' 都不是割点，因为∞字形去掉点 x' 以后，剩下的图形仍然是连通的(例如图 2.5(c))，具有这种性质的点，称为图形的非割点。

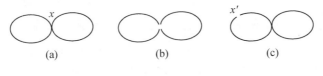

图 **2.5**

图形的割点和非割点是图形的一个拓扑性质，也就是说割点在同胚映射下的像点仍然是割点，非割点在同胚映射下的像点仍然是非割点，所以一个图形中割点的个数是图形的一个拓扑不变量，非割点的个数也是图形的一个拓扑不变量。

图 2.6 中的(a)∞字形具有一个割点，(b)圆周上没有割点，(c)有两个割点，(d)线段除了两个端点是非割点外，其余的点都是割点，(e)T 字形除了三个端点是非割点外，其余的点都是割点，(f)圆周上有无限多个非割点，线段上有无限多个割点。可见这 6 个图形中的任何两个图形，或者割点的个数不同，或者非割点的

个数不同，因此可得这 6 个图形中没有任何两个图形是同胚的。

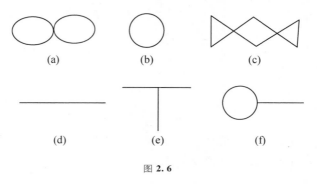

(a)   (b)   (c)

(d)   (e)   (f)

图 2.6

§2.4 点的指数

若一个图形是由有限条弧组成的，x 是这个图形的点，从点 x 引出的该图形的弧的个数，称为点 x 在该图形中的指数。为了明确起见，我们规定：从一条弧的端点引出的弧的个数为 1，从一条弧的内点引出的弧的个数为 2。如图 2.7"王"字形中，点 a 的指数为 1，点 b 的指数为 2，点 c 的指数为 3，点 d 的指数为 4。包含在一个图形中的指数为 1 的点的个数，指数为 2 的点的个数，指数为 3 的点的个数，等等，全都是该图形的拓扑不变量。通过指出具有某个相同指数的点的个数不同，可以证明一些图形是不同胚的。例如，用这种方法可以证明图 2.7 中"王"字形和图 2.8 中所示图形是不同胚的，因为"王"字形中有 1 个指数为 4 的点，而后者没有。大写英文字母 P 和 Q 所表示的图形（如图 2.9(a)(b)）是不同胚的，因为图 2.9(a)(b) 中，指数为 1 的点的个数，指数为 3 的点的个数和指数为 4 的点的个数，都不相同。

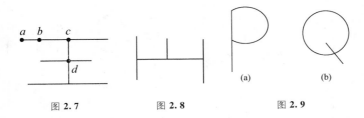

图 2.7　　　　　图 2.8　　　　　图 2.9

小结　证明两个图形同胚，需要找出使它们同胚的拓扑映射，或者能借助于橡皮变形，把一个变成另一个。

证明两个图形不同胚，需要借助于图形的拓扑不变量，只要指出这两个图形有某个拓扑不变量不同，则它们一定不同胚。

注意　拓扑不变量在证明两个图形不同胚时，很有威力，只要你能指出这两个图形有某一个拓扑不变量不同，则它们一定不同胚。但一般情况下，却不能用拓扑不变量来证明两个图形同胚，因为两个图形的某个拓扑不变量相同，它们并不一定同胚。你能举出几个这样的例子吗？

习题 1

1. 试将 10 个阿拉伯数字 0～9 所表示的图形（如图 2.10）进行拓扑分类，即将同胚的图形归于一类，不同胚的图形归于不同的类。

图 2.10

2. 试将 26 个大写英文字母所表示的图形（如图 2.11），进行拓扑分类，即将同胚的图形归于一类，不同胚的图形归于不同的类。

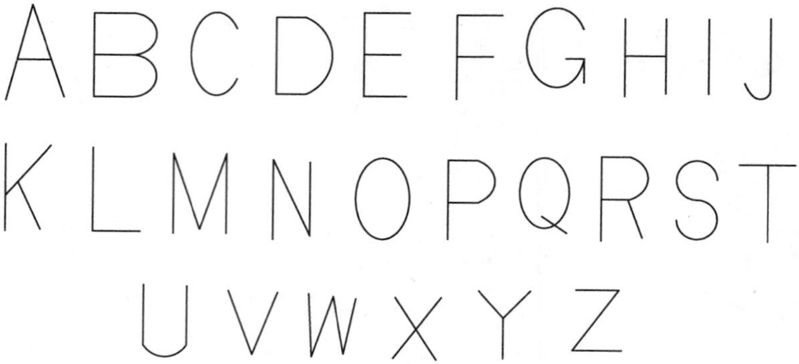

ABCDEFGHIJ
KLMNOPQRST
UVWXYZ

图 **2. 11**

3. 下列四对图形(如图 2.12)中，哪几对是同胚的？哪几对是不同胚的？并请说明理由。

(a)
半球面与一条切线
正方形面与贯穿它的一条直线
(b)
(c)
(d)

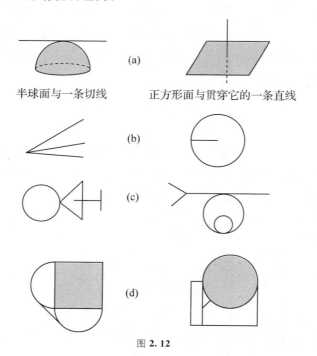

图 **2. 12**

§3. 映射连续性的有趣应用

§3.1 映射连续性的直观描述

我们通常用函数来表示一个量（称为因变量）随另一个量（称为自变量）的变化而变化的现象，我们要求对于自变量的每一个值，都对应有因变量的唯一确定的值。例如，底边定长的三角形的面积，随着底边上的高线的长度而改变，取定高的一个值，就得到一个三角形的面积值。因此，我们说底边定长的三角形的面积是高的函数。记底边定长为 b，设底边上的高线长为 x，三角形面积为 y，则有 $y = \frac{1}{2}bx$。此处 y 是 x 的一次函数，它的图像是一条直线。再例如，正方形的面积随着它的边长而改变，我们说正方形的面积是它的边长的函数。设边长为 x，面积为 y，则有 $y = x^2$。此处 y 是 x 的二次函数，它的图像是一条抛物线。一个函数由自变量和因变量的对应法则完全决定，这个对应法则，可以是一个数学表达式，或者是一个图像（坐标系中的一条曲线），或者它就只是用文字说明如何对应的一段叙述，写不出具体的数学表达式，也画不出具体的图像。

直观地说，如果一个函数的自变量在某一个范围内连续地变化时，因变量也连续地变化，我们就说这个函数在这个范围内是连续的。从图像上看，连续就是不间断，如果函数的图像是一整条不断开的曲线，那么这个函数就是连续的。上述一次函数和二次函数，从图像上看出它们都是连续函数。不易或无法用图像表示的函数，如何直观地描述它们的连续性呢？如果我们观察到，在自变量发生一个微小的改变时，因变量的改变也很微小，我们就说该函数是连续的。（注意　这只是连续性的一个直观描述，不是它的严格的数学定义。）

现在我们把函数概念进行推广。函数的自变量和因变量都是数，因此函数是数集到数集的一个对应。即函数的定义域和值域都是数集。现在我们把定义域和值域由数集换成一般的点集，得到映射的概念。

集合 A 到集合 B 的映射 f：$A \to B$ 是指对集合 A 中每一个点 x，都有集合 B 中唯一确定的点 y 与之对应，这个映射也可记为 $y = f(x)$。函数是映射的一个特例。两个集合间的一个映射完全由对应法则决定。仿照函数的连续性，我们可以谈论映射的连续性。映射 f：$A \to B$ 的连续性的直观描述是：f 把集合 A 中"互相邻近"的点，变成集合 B 中"互相邻近"的点。也就是说，一个图形经过连续映射不会发生破裂或断开（但连续映射允许把不同的点变成同一点，即允许发生"黏合"或"折叠"）。

例如图 3.1 所示的变形是 $A \to B$ 的连续映射。

例如图 3.2 所示的变形也是 $A \to B$ 的连续映射（允许把 A 中不同的两点 a_1 和 a_2 "黏合"成 B 中的同一点 a）。

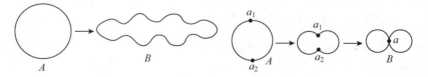

图 3.1　　　　　　　图 3.2

例如图 3.3 所示的弹簧
圈 A 在点 a 处断开成 B，从
A 到 B 的这个映射是不连续
的，这是因为在 A 中与点 a
"邻近"的部分 U，断开后在
B 中的部分 U'，完全不邻近
于点 a 的对应点 a'，所以这

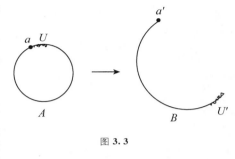

图 **3. 3**

个映射在点 a 处是不连续的，因而这个映射是不连续的（因为只有
在 A 的每一点处都连续才能说这个映射是连续的）。

§3.2　有趣的应用几例

我们讨论连续映射 $f : A \to B$ 的一种特殊情形：集合 B 是一个
数集，即映射的值是一个数。连续映射有很多很好的性质，其中
之一就是：如果映射的值从一个数值连续变到另一个数值，那么，
这两个数值之间的任何一个数值都会被取到。这个性质的下述特
殊情形非常有用。如果连续映射在某一点的映射值小于零，在另
一点的映射值大于零，则必有一点的映射值等于零。从图像来说，
就是一条连续曲线，从 x 轴下方变到 x 轴上方，必定要和 x 轴相
交。这个性质有很多有趣的应用。

现在我们来看几个例子。

例 1　一条用橡皮筋做成的线段，沿所在直线向两端延长线的
方向拉长，我们问：经过这个拉伸变换后，橡皮绳上是否必有一
点保持不变（我们称该点为这个变换下的一个不动点）。

答案是肯定的，证明如下。

如图 3.4 所示，设线段 AB 在向两端拉伸后变成线段 $A'B'$，

线段 $A'B'$ 把线段 AB 包含在其中。为了看清楚拉伸变换的情形，我们把表示橡皮绳被拉伸前的状态的线段 AB 和表示橡皮绳被拉伸后的状态的线段 $A'B'$，沿着垂直于线段 AB 的方向，平行地分开一段距离，如图 3.5 所示。线段 AB 上的任意一点 P 变到线段 $A'B'$ 上相应的一点 P'（这个对应是一对一的），这个对应在图 3.5 中用带箭头的连线 $P'P$ 表示。在上述图示中，若一对对应点 C 和 C' 的连线垂直于线段 AB 和线段 $A'B'$，则表示这对对应点是同一点，即该点在这个拉伸变换下没有变，点 C 即是这个拉伸变换的一个不动点。

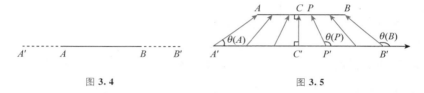

图 3.4   图 3.5

首先我们注意到，没有两条连接对应点的线段会发生交叉，这是因为如果相交，说明绳子上的两个点在拉伸后改变了原有的前后位置顺序，而这种情形在拉伸变换中是不可能发生的。

取从 A' 到 B' 的方向为 $A'B'$ 的正向，如图 3.5。设一对对应点 P 和 P' 的连线 PP'（正向是从 P' 到 P）与 $A'B'$ 的正向的夹角为 $\theta(P)$，因为这个角的大小是随点 P 的位置而变动的，因此我们可以把它看作点 P 的映射值，记为 $\theta(P)$。我们观察到，当点 P 的位置在线段 AB 上有一个微小的改变时，点 P' 在 $A'B'$ 上的位置改变也很微小，连线 $P'P$ 的方向的改变也很微小，因而它与 $A'B'$ 正向的夹角 $\theta(P)$ 的改变也很微小。由此我们可以断言，当点 P 在线段 AB 上连续变动时，角 $\theta(P)$ 的值也随之连续地变化。从图 3.5 中可以看出，因为点 A' 在点 A 的左侧，所以角 $\theta(A)<90°$，而点 B'

在点 B 的右侧，所以角 $\theta(B) > 90°$。映射值 θ 从小于 $90°$ 连续地变到大于 $90°$，根据映射的连续性，其间必经过 $90°$。因此在线段 AB 上必有一点 C，使 $\theta(C) = 90°$，即点 C 和它的对应点 C' 的连线 CC' 垂直于线段 AB，这说明 C 就是一个不动点。

例 2　证明平面上每一条光滑的闭曲线 Γ 总存在一个外切正方形(曲线是光滑的，是指它有连续变化的切线)。

证　在平面上选定两互相垂直的直线 l 和 $\bar{l}$，对光滑闭曲线 Γ 作一个外切矩形 $ABCD$，使得 $AB /\!/ l$，$BC /\!/ \bar{l}$，如图 3.6(a)(这样的外切矩形是一定存在的，先用一对平行于 l 的直线把闭曲线 Γ 包含在其中，并向 Γ 移动这对平行直线，使其刚好与 Γ 相切，同样再用一对平行于 $\bar{l}$ 的直线把闭曲线 Γ 包含在其中，并向 Γ 移动这对平行直线，使其刚好也与 Γ 相切，即可得光滑闭曲线 Γ 的一个外切矩形)，记平行于 l 的边 AB 的长度为 $h_1(l)$，垂直于 l 的边 BC 的长度记为 $h_2(l)$，则两边的长度差为 $h_1(l) - h_2(l)$。于是当 $h_1(l) - h_2(l) = 0$ 时，外切矩形就成为外切正方形了。假设这个矩形的边长可以任意伸缩，现在连续转动矩形框，注意：曲线保持不动，且使矩形在转动过程中各边始终保持与曲线 Γ 相切。当平行于 l 的边转到平行于 $\bar{l}$ 时，这时的外切矩形与原来的外切矩形 $ABCD$ 重合了。此时，平行于 $\bar{l}$ 的边的长度记为 $h_1(\bar{l})$，垂直于 $\bar{l}$ 的边的长度记为 $h_2(\bar{l})$，则两边的长度差为 $h_1(\bar{l}) - h_2(\bar{l})$。但此时，平行于 $\bar{l}$ 的边是 BC，而垂直于 $\bar{l}$ 的边是 AB，即

$$h_1(\bar{l}) = |BC| = h_2(l), \quad h_2(\bar{l}) = |AB| = h_1(l)。$$

因此，

$$h_1(\bar{l}) - h_2(\bar{l}) = h_2(l) - h_1(l) = -(h_1(l) - h_2(l))。$$

如果原来 $|AB| > |BC|$，则上式说明在外切矩形连续转动的

过程中，$h_1(l)-h_2(l)$ 的值，将从大于零连续地变到小于零，因此，在 l 的某一个位置 l'，差数 $h_1(l')-h_2(l')$ 要变成零，即外切矩形要变成外切正方形，如图 3.6(b)。

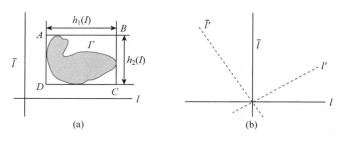

(a)　　　　　　　　　(b)

图 **3.6**

例 3　我们知道对于任一个中心对称图形（例如圆、正方形、平行四边形等），过对称中心的任意一条直线（共有无数多条），都将该图形的面积二等分。那么，对于任意一个非中心对称的图形，是否也一定存在无数多条直线，每一条都将该图形的面积二等分呢？进一步，对于平面上的任意两个封闭图形，是否一定存在一条直线，同时将这两个图形的面积二等分呢？

对于任意一个非中心对称的图形 A，取定一条指定了正方向的直线为基线，记为 x 轴。任意取定平面上的一个方向，用它与 x 轴正向的夹角 θ 来表示该方向，如图 3.7。当沿着这

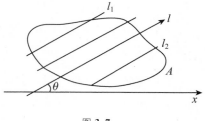

图 **3.7**

个定方向的直线 l 平行移动时，该直线把图形 A 分成的两部分的面积 S_1 和 S_2 也随之变动，这里 S_1 和 S_2 分别表示当观察者的视线与直线 l 的正向相同时，图形 A 被直线 l 分成的左侧部分和右侧部

分的面积。注意到当直线 l 的位置有一个微小的平行移动时，S_1 和 S_2 也发生微小的改变，因而面积差 $S_1 - S_2$ 也发生微小的改变，因此我们得到，$S_1 - S_2$ 的大小随着直线 l 的位置连续变化。当沿着定方向的直线 l，从左向右平行移动时，如图 3.7，当处于直线 l_1 的位置时，其左侧部分的面积 S_1 小于右侧部分的面积 S_2，即 $S_1 - S_2 < 0$；当处于直线 l_2 的位置时，左侧部分的面积 S_1 大于右侧部分的面积 S_2，即 $S_1 - S_2 > 0$。当直线 l 从位置 l_1 连续地变到位置 l_2 时，$S_1 - S_2$ 从小于零变到大于零，因此根据连续函数的性质，在直线 l_1 和直线 l_2 之间，直线 l 必有某个位置使得 $S_1 - S_2 = 0$，即其左侧部分的面积 S_1 和右侧部分的面积 S_2 相等。于是我们得到：对于平面上的任意一个封闭图形 A，只要给定一个方向，就一定存在一条平行于该方向的直线，将图形 A 分成面积相等的两部分。由于平面上有无数多个不同的方向，因此平面上有无数多条直线，每一条都可将图形 A 的面积二等分。

对于平面上的两个封闭图形 A 和 B，因为对于图形 A，有无数多条直线，每一条都将图形 A 的面积二等分，再用一次连续的性质，即可证明这无数多条平分图形 A 的面积的直线中，必有一条也将图形 B 的面积二等分。

记方向为 θ 的平分图形 A 的面积的直线为 $l(\theta)$，设该直线将图形 B 也分成两部分，当观察者的视线与直线 $l(\theta)$ 的正向相同时，左侧部分的面积记为 S_1，右侧部分的面积记为 S_2。如图 3.8，当直线 $l(\theta)$ 的方向由 θ 连续地变为 $\theta + \pi$ 时，平分图形 A 的面积的直线由 $l(\theta)$ 变为 $l(\theta + \pi)$，直线 $l(\theta + \pi)$ 也将图形 B 分成两部分，当观察者的视线与直线 $l(\theta + \pi)$ 的正向相同时，左侧部分的面积记为 S'_1，右侧部分的面积记为 S'_2。而直线 $l(\theta)$ 和直线 $l(\theta + \pi)$ 实际上是同一条直线，只是直线的正方向正好颠倒了。因此，直线的左侧和右侧也正好相反：图形 B 在直线 $l(\theta)$ 左侧的部分 S_1 正好是图形 B 在直线 $l(\theta+\pi)$ 右侧的部分 S'_2，图形 B 在直线 $l(\theta)$ 右侧的部分 S_2 正好是图形 B 在直线 $l(\theta+\pi)$ 左侧的部分 S'_1，即 $S_1=S'_2$，$S_2=S'_1$，见图 3.8。于是当直线 $l(\theta)$ 连续地变到直线 $l(\theta+\pi)$ 时，图形 B 被直线分成的左右两部分的面积差，由 S_1-S_2 变成 $S'_1-S'_2$，而 $S'_1-S'_2=S_2-S_1=-(S_1-S_2)$。即左右两部分的面积差改变了正负号，由大于零变成小于零，或由小于零变成大于零，根据连续的性质可得，在 θ 连续地变为 $\theta+\pi$ 的过程中，必存在一个方向 θ_0，使直线 $l(\theta_0)$ 分图形 B 为面积相等的两部分，而已知直线 $l(\theta_0)$ 是将图形 A 的面积二等分的直线，这就证明了平面上必存在一条直线同时将图形 A 和 B 都分成等积的两部分。

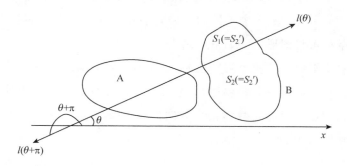

图 3.8

把平面的情形推广到空间，我们可以得到：将两个形状不规则的土豆，放在案板上，垂直于案板切一刀，恰好将这两个土豆同时都平分成体积相等的两部分，可以证明这种切法是一定存在的。

一个更有趣的结果是：在两片不同颜色的面包片中间夹一片火腿，做成一个火腿三明治，不管做成的这个三明治的各层形状如何不规则，总存在这样的切法：干净利索的一刀，同时把它的三层中的每一层都分成等体积的两部分。

例 4* 对于平面上的任一封闭图形 A，必存在互相垂直的两条直线，将其面积四等分。

从前面例 3 的讨论中，我们知道，对于图形 A 及一个指定的方向（与基线 x 轴的正向的夹角为 α），一定存在一条平行于该方向的直线，记为 l_1，将图形 A 分成面积相等的两部分，观察者面向直线 l_1 的正方向，图形在直线 l_1 左侧部分的面积记为 S_1，在直线 l_1 右侧部分的面积记为 S_2，于是有 $S_1 = S_2$。同样，对于与直线 l_1 垂直的方向（与基线 x 轴的正向夹角为 $\alpha - \dfrac{\pi}{2}$），一定也存在一条平行于该方向的直线，记为 l_2，将图形 A 也分成面积相等的两部分，同样，观察者面向直线 l_2 的正方向，图形在直线 l_2 左侧部分的面积记为 S_3，在直线 l_2 右侧部分的面积记为 S_4，同样有 $S_3 = S_4$。此时，图形 A 被互相垂直的两条直线 l_1 和 l_2 分成四部分，我们把位于 l_1 左侧且位于 l_2 左侧的部分记为 S_{31}，把位于 l_1 左侧且位于 l_2 右侧的部分记为 S_{41}，把位于 l_1 右侧且位于 l_2 左侧的部分记为 S_{32}，把位于 l_1 右侧且位于 l_2 右侧的部分记为 S_{42}，如图 3.9。因此有

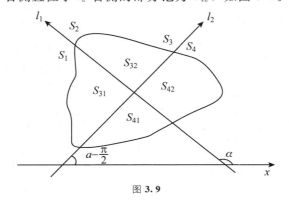

图 3.9

$S_{31} + S_{41} = S_1$，$S_{32} + S_{42} = S_2$，$S_{31} + S_{32} = S_3$，$S_{41} + S_{42} = S_4$。

由于 $S_1 = S_2$，因此有 $S_{31} + S_{41} = S_{32} + S_{42}$。 　　　　(3.1)

由于 $S_3 = S_4$，因此有 $S_{31} + S_{32} = S_{41} + S_{42}$。 　　　　(3.2)

(3.1)$-$(3.2)得 $S_{41} = S_{32}$，从而得 $S_{31} = S_{42}$。 　　　　(3.3)

　　因此，只要 $S_{31} = S_{41}$（或 $S_{32} = S_{42}$），就有 $S_{31} = S_{41} = S_{32} = S_{42}$。这就是说，我们要证明存在互相垂直的两条直线，将图形 A 分成面积相等的四部分，只需证明存在互相垂直的两条直线，都平分图形 A 的面积，且使 $S_{31} = S_{41}$。

　　对于互相垂直的两条直线 l_1 和 l_2，若 $S_{31} = S_{41}$，则证明已完成。若 $S_{31} \neq S_{41}$，不妨设 $S_{31} > S_{41}$。

　　我们将直线 l_1 的方向做微小的改变，即直线 l_1 与 x 轴正向的夹角 α 做微小的改变，使其仍平分图形 A 的面积。将直线 l_2 的方向也做微小的改变，保持 $l_2 \perp l_1$，且 l_2 仍平分图形 A 的面积。注意到所分成的四个部分的面积 S_{31}，S_{41}，S_{32}，S_{42} 也都发生微小的改变。说明 S_{31}，S_{41}，S_{32}，S_{42} 皆随 α 连续变化。因此，$S_{31} - S_{41}$ 也随 α 连续变化。

　　当直线 l_1 的方向从 α 连续变化到 $\alpha + \dfrac{\pi}{2}$ 时，得到直线 l'_1。相应地，直线 l_2 的方向从 $\alpha - \dfrac{\pi}{2}$ 连续变化到 α 时，得到直线 l'_2。注意到直线 l'_1 和直线 l_2 是同一条直线，不过方向正好相反，而直线 l'_2 和直线 l_1 是同一条直线，且方向相同，如图 3.10 所示。因此有（如图 3.11）

$$S'_{31} = S_{41}，\ S'_{41} = S_{42}，\ S'_{32} = S_{31}，\ S'_{42} = S_{32}。$$

于是有（并注意到(3.3)$S_{41} = S_{32}$，$S_{31} = S_{42}$）

$$S'_{31} - S'_{41} = S_{41} - S_{42} = S_{41} - S_{31} = -(S_{31} - S_{41})。$$

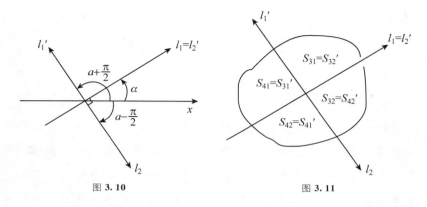

图 3.10　　　　　　　　　　　图 3.11

可见，当互相垂直的两条直线 l_1 和 l_2 连续地变成 l'_1 和 l'_2 时，差 $S_{31}-S_{41}$ 连续地变成 $S'_{31}-S'_{41}(=-(S_{31}-S_{41}))$，即这个差要改变正负号。因此，由连续性原理得到，互相垂直的两条直线 l_1 和 l_2 连续地变到某个位置时，上述差 $S_{31}-S_{41}$ 变为零，即有 $S_{31}=S_{41}$，因而有 $S_{31}=S_{41}=S_{32}=S_{42}$，这就证明了存在互相垂直的两条直线，将图形 A 分成面积相等的四部分。

习题 2

1. [第 18 届(2014 年)北京市高中数学知识应用竞赛初赛第一题] 一片枫叶紧紧地嵌在一个矩形框内部，即矩形的各边上都有枫叶的点，如图 3.12。假设这个矩形框的每一条边都可以伸缩，令枫叶不动，矩形框转动，依靠框的伸缩

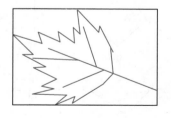

图 3.12

始终保持这片枫叶紧紧地嵌在它的内部，而框始终是矩形。

请说明，存在一个转动位置，这时的这片枫叶恰紧紧地嵌在一个正方形的内部。

§4. 简单多面体的欧拉公式

我们在中学学习立体几何时,已经知道,由若干个平面多边形所围成的封闭的立体叫多面体,这些平面多边形叫作多面体的面,这些多边形的边和顶点,分别叫作多面体的棱和顶点。若一个多面体在它的每一个面所在平面的同一侧,该多面体就叫作凸多面体。若一个多面体的表面同胚于一个球面,直观地说,就是想象该多面体的表面是用弹性极好的橡皮薄膜做成的,充气后能膨胀成一个球面,就称它为简单多面体。

图 4.1 中的(a)(b)(c)(d)都是凸多面体,(e)不是凸多面体,(a)(b)(c)(d)(e)都是简单多面体,(f)和(g)是多面体,但不是简单多面体,(h)不是多面体。

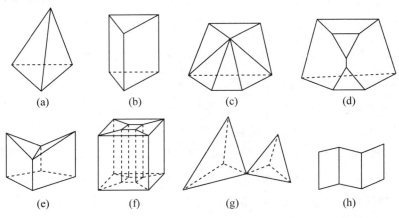

图 **4.1**

我们记多面体的顶点数为 V，棱数为 E，面数为 F。对上述各个多面体分别计算 $V-E+F$ 之值，得表 4.1：

表 4.1

多面体	顶点数 V	棱数 E	面数 F	$V-E+F$
(a)	4	6	4	$4-6+4=2$
(b)	6	9	5	$6-9+5=2$
(c)	7	13	8	$7-13+8=2$
(d)	10	15	7	$10-15+7=2$
(e)	8	13	7	$8-13+7=2$
(f)	16	32	16	$16-32+16=0$
(g)	7	12	8	$7-12+8=3$

从表 4.1 中，我们发现，图 4.1 中的多面体(a)(b)(c)(d)和(e)，它们的顶点数减棱数加面数都等于常数 2，即 $V-E+F=2$。表中前 4 个图形都是凸多面体，第 5 个图形不是凸多面体，但所有这 5 个图形都是简单多面体。上述公式是不是对所有简单多面体都成立呢？答案是肯定的，这个公式首先由笛卡儿在 1639 年发现，但未流传开来，而后由欧拉在 1750 年又重新发现这个公式对所有凸多面体都成立(实际上对所有简单多面体都成立)，这就是数学上著名的欧拉公式。

这个公式不涉及凸多面体的具体形状，各棱的长度，各面的形状和面积大小，各面之间的夹角及面上各内角的大小，总之，它不涉及多面体的度量性质，这与我们在平面几何和立体几何中所见到的一般公式不一样，它属于图形的拓扑性质。这个公式和它的推广是拓扑学的中心内容之一，在拓扑学中具有重要地位。

下面我们来介绍欧拉公式的证明。

当初笛卡儿和后来的勒让德(Legendre，1752—1833，法国数学家)对欧拉公式的证明，用到球面几何的知识，通过面积和角度的计算，这里不作介绍。下面我们介绍两种属于拓扑方法的证明。

先介绍关于网络的概念。

网络是由平面上或空间中的有限个点和有限条线组成的图形，这些点叫网络的顶点，这些线叫网络的棱，网络的顶点和棱之间满足下列条件：

(1)每一条棱连接它的两个顶点；

(2)它的任意两条棱或者不相交，或者有一个或两个公共顶点。

不是任何一条棱的端点的顶点，叫孤立的顶点(如图 4.2(a)中的点 A)。只是一条棱的端点的顶点，叫自由的顶点(如图 4.2(a)中的点 B，图 4.2(b)中的点 F，G，H，K，N)。若网络中任何两个顶点都有一串棱把它们连接起来，则称这个网络是连通的。若一个网络被分成几个互不连通的部分，而每一部分本身是连通的，则称每个部分是网络的一个连通支。如图 4.2 中的(a)和(b)各有两个连通支，而(c)只有一个连通支，即连通的。

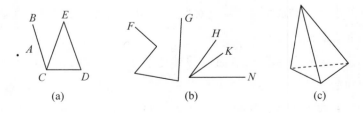

图 4.2

由每一个多面体的顶点和棱所组成的图形都是一个空间网络，

而且这个空间网络还满足：

(3)没有孤立的顶点，也没有自由的顶点；

(4)是连通的。

例如图 4.2(c)就是由四面体的顶点和棱组成的一个空间网络。

我们将用平面网络来证明欧拉公式，因此还必须处理平面网络中的区域问题。所谓区域，是指由网络的棱组成的简单封闭折线所围成的平面的一部分，也就是由棱组成的简单多边形(所谓简单多边形是指它们同胚于圆盘，直观地说，就是设想它们是由弹性极好的橡皮薄膜做成的，用力撑大，就能变成圆盘)。例如图 4.2(a)中的△CDE就是一个区域。

现在我们先将简单多面体的表面挖去一个面，再进行拓扑变形——想象它是用弹性极好的橡皮薄膜做成的，将挖去面的这个"缺口"不断地撑大，直到使多面体其他所有的面展开摊平后都在它的包围之中，如此得到一个平面网络。当然原来多面体的各个面、棱和顶点，变成这个平面网络中的区域、棱和顶点，原来各面的面积、各棱的长度及各棱之间的夹角，在这个变形过程中都改变了，但这个平面网络与原来的多面体包含同样多的顶点和棱，只是这个平面网络包含的区域数比原来的多面体包含的面数少了1，因为变形前我们已经挖去了一个面。设这个平面网络的顶点数为 V，棱数为 E，区域数为 F，若能证明 $V-E+F=1$，则对于简单多面体就有 $V-E+F=2$ 成立了，因为多面体的面数比平面网络的区域数多1。

设平面网络的顶点数为 V，棱数为 E，区域数为 F，现用两种不同的方法来证明 $V-E+F=1$。

证法 1

先把平面网络剖分成三角形，然后将三角形一个一个地去掉，最后只剩下一个三角形，计算每去掉一个三角形对 $V-E+F$ 的影响，从而证得 $V-E+F=1$。这是柯西 1811 年给出的证明方法。

我们以立方体为例，具体证明过程如图 4.3 所示：先将立方体（如图 4.3(a)）前方的正方形面去掉，把前方的正方形框不断撑大，带动上下左右四个侧面变形摊平到立方体后方的正方形面所在平面上，得到平面网络（如图 4.3(b)）；然后将这个平面网络中不是三角形的多边形用连接对角线的方法将它们剖分成三角形，如图 4.3(c) 所示。每画一条对角线，使该平面网络的棱数 E 和面数 F 同时增加 1，而顶点数 V 没有增加，因此 $V-E+F$ 的值保持不变。因此，这个被剖分成全是三角形的网络（如图 4.3(c)）的 $V-E+F$ 的值与被剖分前的平面网络（如图 4.3(b)）的 $V-E+F$ 值相同。

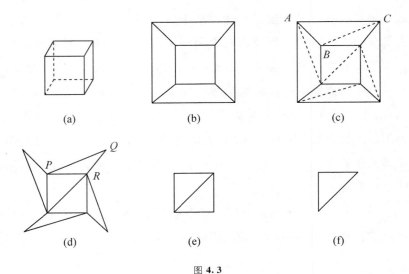

图 4.3

有些三角形的边是平面网络的边界，有两种情形：一种是只有一条边是平面网络的边界，如图 4.3(c) 中的 $\triangle ABC$，叫作第一类边界三角形；另一种是有两条边是平面网络的边界，如图 4.3(d) 中的 $\triangle PQR$，叫作第二类边界三角形。我们把去掉一个边界三角形中不属于其他三角形的部分，叫作去掉一个边界三角形。例如，去掉图 4.3(c) 中的边界三角形 ABC 是指去掉 $\triangle ABC$ 的边 AC 及面 ABC，留下顶点 A，B，C 及两条边 AB 和 BC。去掉图 4.3(d) 中的边界三角形 PQR，是指去掉 $\triangle PQR$ 的两条边 PQ 和 QR 及顶点 Q 和面 PQR，留下顶点 P，R 及一条边 PR。去掉一个像 $\triangle ABC$ 这种类型的边界三角形，将使 E 和 F 同时减少 1，而 V 不变，所以 $V-E+F$ 保持不变；去掉一个像 $\triangle PQR$ 这种类型的边界三角形，将使 V 减少 1，E 减少 2，F 减少 1，所以 $V-E+F$ 也保持不变。因此从平面网络中，去掉一个边界三角形，不论是第一类边界三角形，还是第二类边界三角形，该平面网络的 $V-E+F$ 值都保持不变。如此把边界三角形一个一个地去掉（每去掉一个边界三角形，三角形网络的边界都要跟着改变），直到最后只剩一个三角形（图 4.3(f)），它有三个顶点，三条棱，一个面，得 $V-E+F=1$，所以原来的平面网络（图 4.3(b)）也有 $V-E+F=1$。

证法 2

一个连通的网络若不包含任何由一串棱组成的封闭折线，也就是它的棱不组成任何环路，则称为一个树形。图 4.4(a) 是树形，图 4.4(b) 不是树形，因为它包含有一个区域。平面上的一个树形，也就是不包含任何区域的一个平面网络。在树形中，若去掉一个自由的顶点及以它为端点的一条棱，由于顶点数 V 和棱数 E 同时减 1，因此 $V-E$ 的值不变。继续这个步骤，直到只剩下一条棱和它的两个端点，此时有 $V-E=2-1=1$。于是我们得到树形的一个重要性质：任何树形的顶点数 V —棱数 $E=1$。下面我们就利用这个性质来证明：对于由简单多面体挖去一个面后，再拓扑变形得到的一个平面网络，有 $V-E+F=1$。

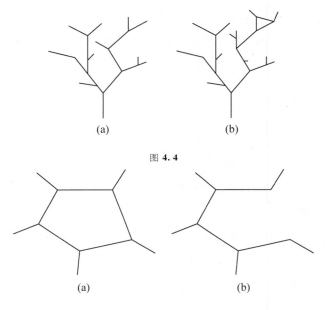

图 4.4

图 4.5

　　对于由简单多面体挖去一个面后，再拓扑变形得到的平面网络，设该平面网络有 V 个顶点，E 条棱，F 个区域。我们设想在这个平面网络中（如图 4.5(a)），把围成一个区域的诸棱中抹去一条（如图 4.5(b)），这样就破坏掉一个区域，使区域的个数减少一个，但顶点的个数没有改变，而且该网络仍然是连通的。只要网络中还含有区域，这个步骤就可继续进行下去，直到抹去 F 条棱，使网络不再含有区域，但顶点的个数没有减少，且使网络仍然保持连通。此时，网络减少了 F 条棱和 F 个区域，变成了一个树形。

由于这个树形有 V 个顶点，$E-F$ 条棱，根据树形的性质得 $V-(E-F)=1$，这就证明了 $V-E+F=1$。

以立方体为例，得到一个树形图的过程如图 4.6 所示。由立方体(图 4.6(a))挖去一个面后进行拓扑变形得到平面网络(图 4.6(b))，共有 5 个区域，先抹去 4 和 5 两个区域的公共棱，将 4 和 5 两个区域合并成一个区域 $4'$(图 4.6(c))，这样就减少了一个区域。再依次抹去 3 和 $4'$ 两个区域的一条公共棱，合并成区域 $3'$(图 4.6(d))，抹去 2 和 $3'$ 两个区域的一条公共棱，合并成区域 $2'$(图 4.6(e))，抹去 1 和 $2'$ 两个区域的一条公共棱，合并成区域 $1'$(图 4.6(f))，最后抹去区域 $1'$ 的一条棱，得到一个树形(图 4.6(g))。

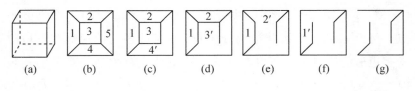

图 4.6

现在我们来研究几个与凸多面体及欧拉公式有关的趣题：

例 1　能不能用 5 个三角形，围成一个凸五面体？能不能用 6 个三角形，围成一个凸六面体？若不能，请说明理由；若能，请具体构造出一个来。

分析与解　5 个三角形共有 $3\times5=15$ 条边，若能围成一个凸五面体，则每一条棱都是相邻两个三角形面的公共边，于是棱数应是 $\frac{15}{2}$，不是整数，故不可能。

推而广之，奇数个奇数边形不能围成一个封闭的凸多面体。

6 个三角形共有 $3\times6=18$ 条边，$\frac{18}{2}=9$ 条棱，将 $F=6$ 及 $E=$

9 代入欧拉公式 $V-E+F=2$，解得 $V=5$。如果各个三角形的边的长度合适，可构造如图 4.7 所示的凸六面体。

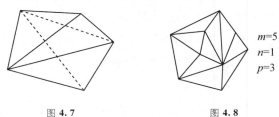

图 4.7　　　　　　　　　　图 4.8

例 2　凸 m 边形被剖分成彼此沿整条边相邻接的三角形，如图 4.8 所示，设在 m 边形各边上共有 n 个剖分顶点，而在其内部有 p 个顶点。试证这个 m 边形共被剖分成 $m+n+2p-2$ 个三角形。

解法 1（用欧拉公式）　由题设 m 边形各边上共有 n 个剖分顶点，可得 m 边形的边共被剖分成 $m+n$ 条线段。因为这些线段位于多边形的边界上，所以在计算多边形被剖分成的三角形的边数时，这些线段只计算一次。而不在边上的线段，每一条都被计算两次（因为是两个三角形的公共边）。设剖分后的顶点数、棱数和三角形面的个数分别为 V，E 和 F，因此，$3F=2E-(m+n)$，即 $E=\dfrac{3F-(m+n)}{2}$。由关于平面图形的欧拉公式 $V-E+F=1$ 及 $V=m+n+p$，得 $m+n+p-\dfrac{3F-(m+n)}{2}+F=1$，解得 $F=m+n+2p-2$，问题得证。

解法 2（用角度计算）　设一共剖分成 F 个三角形面，则全部面角和 $=F\pi$。另一方面，m 边形的内角和 $=(m-2)\pi$，边上 n 个剖分点处的面角和 $=n\pi$，内部 p 个顶点处的面角和 $=2p\pi$，因此有 $F\pi=(m-2)\pi+n\pi+2p\pi$，得 $F=m+n+2p-2$，问题得证。

例 3　圆内有 10 条弦，每两条都在圆内相交，且无三弦共点，问这 10 条弦把圆面分成几块?

解法 1(用欧拉公式)　由题设知圆周上共有 20 个顶点,每一条弦上有 9 个顶点,10 条弦上共有 $\dfrac{10 \times 9}{2} = 45$ 个顶点(除以 2 是因为每个点都是两条弦的交点,因而被计算了两次),因此共有顶点 $20 + 45 = 65$ 个。圆周上有 20 条线段,每一条弦被剖分成 10 段,因此共有 $20 + 10 \times 10 = 120$ 条棱。设圆面被剖分成 F 块,由关于平面图形的欧拉公式得 $65 - 120 + F = 1$,解得 $F = 56$。故这 10 条弦把圆面分成 56 块。

解法 2(寻找递增规律)　1 条弦把圆面分成 2 部分(如图 4.9 (a)),

$$1 + 1 = 2;$$

增加 1 条弦,多分出 2 部分,即两条弦把圆面分成 4 部分(如图 4.9(b)),

$$2 + 2 = 1 + 1 + 2 = 4;$$

再加 1 条弦,又多分出 3 部分,即 3 条弦把圆面分成 7 部分(如图 4.9(c)),

$$4 + 3 = 1 + 1 + 2 + 3 = 7;$$

再加 1 条弦,又多分出 4 部分,即 4 条弦把圆面分成 11 部分(如图 4.9(d)),

$$7 + 4 = 1 + 1 + 2 + 3 + 4 = 11;$$

以此类推,继续下去……直到增加到 9 条弦;

再加 1 条弦(第 10 条弦),又多分出 10 部分,即得 10 条弦把圆面分成

$$1+1+2+3+4+5+6+7+8+9+10$$

$$=1+\frac{10\times(10+1)}{2}$$

$$=1+55=56\ 部分。$$

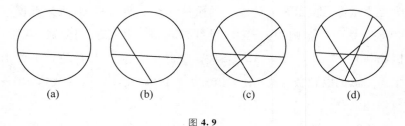

(a)   (b)   (c)   (d)

图 **4. 9**

习题 3

1. 能不能用 3 个三角形，4 个四边形和 2 个五边形围成一个凸
九面体？若不能，请说明理由；若能，请具体构造出一个来。

2. 如下凸多面体存在不存在？请说明理由。

(1)2 014 个顶点，偶数条棱，奇数个面；

(2)顶点数、棱数及面数之和是 2 015；

(3)顶点数、棱数及面数之积是 100。

§5. 五种正多面体及一个游戏
——哈密尔顿周游列国游戏

　　本章介绍正多面体，首先介绍为什么只有五种正多面体，其次介绍一则与正十二面体有关的游戏——哈密尔顿周游列国游戏，即正十二面体的顶点遨游。

§5.1　为什么只有五种正多面体

　　由上一章，我们知道，在空间由若干个平面多边形围成的封闭的立体图形，叫多面体，特别地，如果要求它的各个顶点，各个棱和各个面的结构完全相同，即在每一个顶点处汇聚的棱个数相等；所有的棱等长；且相交于每一条棱处的两个面所成的二面角皆相等；每一个面都是边数相同的正多边形。符合上述要求的多面体称为正多面体。首先，正多面体一定是凸多面体，这是因为若有一个顶点或棱处是凹陷的，则所有的顶点或棱处都是凹陷的，而这是不可能的。

　　平面上的正多边形有无数种，如正三角形、正方形、正五边形、正六边形，等等。对于任意一个大于 2 的正整数 n，都有正 n 边形存在。多面体是平面多边形的空间类似物，那么，在空间对任意一个大于 3 的正整数 n，是否都有一个正 n 面体存在呢？

　　相传早在古希腊时代，即公元前 5 世纪到公元前 3 世纪前后，毕达哥拉斯学派和柏拉图学派就知道了正四面体、正六面体、正八面体、正 12 面体和正 20 面体这五种正多面体，如图 5.1。那么，还有没有其他正多面体呢？据说柏拉图学派的狄埃泰特斯当时可能就证明了正多面体不能多于上述五种。

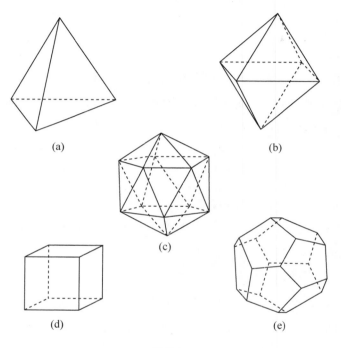

(a)

(b)

(c)

(d)

(e)

图 5.1

现在我们用两种方法来证明为什么只有五种正多面体，一种是通过角度计算来证明，另一种是用欧拉公式 $V - E + F = 2$ 来证明。

§5.1.1　角度计算

(1)由于正多面体是凸多面体，即没有凹陷的顶点和棱，因此每一个顶点处由相邻两棱所成的面角之和，总小于 2π。不然，若在某一顶点处上述各面角之和等于 2π，则交于该顶点处的所有面，都将落在同一个平面上；若在某一顶点处上述各面角之和大于 2π，则以该顶点为端点的某些棱将是凹陷的。由于正多面体是凸多面体，所以上述两种情形都是不可能发生的。

（2）因为多面体的任一个顶点处至少要有三个多边形相遇，又因为正多面体的每一个面都是正多边形，因此，围成正多面体的所有正多边形的每一个内角都相等，且都必须小于 $\frac{2}{3}\pi$——这是能围成正多面体的一个必要条件。

（3）由于正六边形的每一个内角恰好等于 $\frac{2}{3}\pi$，因此，用正六边形不可能围成正多面体。又因为正多边形的每一个内角随着多边形边数的增加而增大，所以当 $n>6$ 时，正 n 边形的每一个内角都大于 $\frac{2}{3}\pi$，所以边数大于 6 的正多边形，都不可能围成正多面体。这就是说只有当正多边形的边数小于 6 时，即只有正三角形，正方形和正五边形，才有可能围成正多面体。

（4）由于正五边形的每一个内角都等于 $\frac{3}{5}\pi$，因此，若有三个以上的正五边形相遇于一个顶点处，则在该顶点处的各个面角之和就大于 2π 了，这时不可能围成正多面体。也就是说，面是正五边形时，只有当每个顶点处交汇三个正五边形时，才有可能围成一个正多面体。

（5）对于面是正方形时的情形，由与（4）同样的讨论可得，只有当每个顶点处交汇三个正方形时，才有可能围成一个正多面体。

（6）由于正三角形的每一个内角都等于 $\frac{\pi}{3}$，因此，当一个顶点处有 6 个或 6 个以上的三角形面相遇时，该顶点处的各个面角之和

就等于或大于 2π 了，这时不可能围成正多面体。也就是说，面是正三角形时，只有当每个顶点处交汇的正三角形的个数分别是 3 个、4 个和 5 个时，才有可能围成一个正多面体。

（7）综上所述，共得到 5 种可能的正多面体：面是正五边形的一种，面是正方形的一种，面是正三角形的三种。而上述五种正多面体确实存在。古希腊人早就发现了它们。这就是由正三角形围成的正四面体（每个顶点处有 3 个正三角形交汇），正八面体（每个顶点处有 4 个正三角形交汇），正 20 面体（每个顶点处有 5 个正三角形交汇），由正方形围成的正六面体（每个顶点处有 3 个正方形交汇），由正五边形围成的正 12 面体（每个顶点处有 3 个正五边形交汇），见图 5.1。

§5.1.2　应用欧拉公式

设正多面体的每个面是 n 边形，在每个顶点相遇的棱数是 r，由于一个多边形至少要有 3 条边，而在多面体的每个顶点至少要有 3 条棱相交，因此必有 $n \geqslant 3$，$r \geqslant 3$。设正多面体的顶点数为 V，棱数为 E，面数为 F，则有欧拉公式

$$V-E+F=2。$$

因为 E 条棱的每一条棱都是两个 n 边形的公共边，故在 F 个 n 边形的边数总和 nF 中，E 条棱的每一条都被计算了两次，于是有

$$nF=2E。 \tag{5.1}$$

又因为 E 条棱的每一条棱都有两个端点，而已知在正多面体的每一个顶点处都有 r 条棱，故在 V 个顶点的棱数总和 rV 中，每一条棱都被计算了两次，于是有

$$rV=2E。 \tag{5.2}$$

将以上两式代入欧拉公式得

$$\frac{2}{r}E - E + \frac{2}{n}E = 2。$$

两边同时除以 $2E$ 得

$$\frac{1}{r} + \frac{1}{n} = \frac{1}{2} + \frac{1}{E}。 \tag{5.3}$$

又有 r 和 n 都必须大于等于 3。但由(5.3)可得 r 与 n 不可能同时大于 3，因为否则若 r 和 n 同时都大于 3 时（即 $\frac{1}{r} < \frac{1}{3}$，$\frac{1}{n} < \frac{1}{3}$），则$(5.3)$应有

$$\frac{1}{E} = \frac{1}{r} + \frac{1}{n} - \frac{1}{2} \leqslant \frac{1}{4} + \frac{1}{4} - \frac{1}{2} = 0,$$

而不论 E 取何值时这都是不可能的。因此我们只需看当 $n = 3$ 时，r 可能取哪些值，以及当 $r = 3$ 时，n 可能取哪些值。由这两种情况所得到的全体多面体，就是所有可能的正多面体。

对于 $n = 3$，由(5.3)得到

$$\frac{1}{r} - \frac{1}{6} = \frac{1}{E}。$$

因为 E 是正数，所以 r 只能取 3，4，5 三个值，不能取 6 及 6 以上的任何数。对于 n 和 r 的这些数值，我们得到相应的 E 值为 6，12 和 30。再由(5.1)得到相应的面数 F 的值为 4，8 和 20，即得到正四面体、正八面体和正 20 面体。

因为(5.3)对于 n 和 r 是平等的，因此对于 $r = 3$，得到

$$\frac{1}{n} - \frac{1}{6} = \frac{1}{E}。$$

同样得到 $n = 3$，4，5，相应地 $E = 6$，12，30。再由(5.1)得到相应的面数 F 的值为 4，6 和 12，即得到正四面体，立方体（正六面

体)和正 12 面体。这样，我们一共得到六种可能的情形，但其中有两种是相同的，即 $n=3$，$r=3$ 的情形都对应于正四面体，所以一共只有五种不同类型的正多面体。

现在我们来介绍一个与正多面体有关的问题——足球皮与正多面体

我们知道，足球皮是用若干个边长相等的正五边形和正六边形的皮子缝制而成的。那么，正五边形和正六边形各有几个呢？

我们从正多面体出发来分析如何得到一个足球皮图案。我们设想，对一个正 20 面体，在它的每一个顶点处，在交于该顶点的 5 条棱的每条棱离顶点三分之一处，将该顶点及其周围部分截去(如图 5.2)。由于正 20 面体的每个顶点处有 5 个正三角形交汇，或者说在每个顶点处有 5

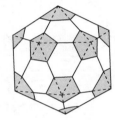

图 5.2

条棱交汇。因此截去部分实际是一个以该顶点为锥顶的小五棱锥(图 5.2 中各个阴影的部分，截口是一个正五边形)。由于正 20 面体有 12 个顶点，因此得到 12 个正五边形。各个顶点处的小五棱锥截去以后，在每个三角形面上下留下一个正六边形(如图 5.2)。由于正 20 面体共有 20 个正三角形面，因此共得到 20 个正六边形。这样，我们就从一个正 20 面体得到了一个由 12 个正五边形和 20 个正六边形组成的足球皮图案。这个结论也可用欧拉公式得到，留作习题，供读者练习。有兴趣的读者一定会联想到：从其他的正多面体出发，用同样的方法，是否也可以设计出由其他的多边形组合形成的足球皮图案呢？您不妨动手试一试。

下面我们介绍有关正多面体的一个有趣的性质。

先将各正多面体的有关数据列表如下(见表 5.1)：

表 5.1

正多面体名称	各面的形状	遇于一点的面数	顶点数 V	棱数 E	面数 F
正四面体	三角形	3	4	6	4
正八面体	三角形	4	6	12	8
正 20 面体	三角形	5	12	30	20
立方体（正六面体）	正方形	3	8	12	6
正 12 面体	正五边形	3	20	30	12

我们知道所有正多面体都有外接球面。如果通过正多面体的每个顶点作外接球面的切平面，则这些切平面必围成一个新的多面体，而且我们可以期待新造出的这个多面体也是一个正多面体，而且通过这种做法建立了正多面体之间的两两对应关系。如果上述作图是对正八面体进行的，所得到的实际上就是正六面体，即立方体。图 5.3(a) 表明这两个正多面体的相互位置关系。从表 5.1 中可以看出这两个正多面体之间有如下关系：一个正多面体的顶点数等于另一个正多面体的面数，两个正多面体都有相同的棱数。还有，一个正多面体交于一个顶点的面数，等于另一个正多面体的一个面上的顶点数。据此，正八面体也可外接于立方体，如图 5.3(b) 所示。

从上表可以看出，正 12 面体和正 20 面体也有上述关系。如果对正四面体进行上述作图，得到的仍然是一个正四面体，而不会产生出不同类型的正多面体。

如果我们在空间引进对偶的概念，规定平面和点互相对偶，而直线和自己对偶。对于一个由点、直线和平面组成的空间图形，若将平面与点互相对调，而直线不变，且保持点、直线与平面的

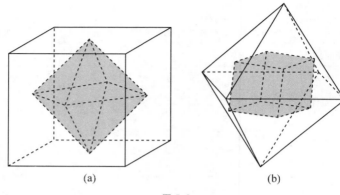

图 **5.3**

结合关系不变（即点在线上变成面通过线，点在面上变成面通过
点，线在面上变成线通过点，等等），如此得到的一个新图形，称
为原来图形的一个对偶图形。根据这一定义，立方体和八面体是
一对对偶图形，12 面体和 20 面体也是一对对偶图形，而四面体同
自己是对偶图形（称之为自对偶图形）。

§5.2　正 12 面体的顶点遨游①

　　正 12 面体的顶点遨游，又称为正 12 面体的哈密尔顿问题，是
英国数学家哈密尔顿发明的一个周游列国的游戏。

　　正 12 面体是由 12 个正五边形围成的多面体，有 20 个顶点，
30 条棱。哈密尔顿问题是从正 12 面体的一个顶点出发，规定只能
沿着棱走，并且每一个顶点不能经过两次，问能否一个不漏地走
遍这 20 个顶点，最后再回到原来出发的那个顶点，当然不要求

　　① 苏步青. 拓扑学初步. 上海：复旦大学出版社，1986：28-
34.

图 5.4　哈密尔顿

（也不可能）把所有的棱都走一遍。

　　哈密尔顿①（又译哈密顿，William R. Ham-ilton，1805—1865）（如图 5.4）是英国仅次于牛顿的最伟大的数学家、物理学家，并且和牛顿一样，他作为物理学家甚至比数学家更伟大。哈密尔顿 5 岁时就能读拉丁文、希腊文和希伯来文，8 岁时又添了意大利文和法文，10 岁时又能读阿拉伯文和梵文，到 14 岁时再加上波斯文。1823 年他进了都柏林的三一学院，成了一位出色的学生。1822 年当他 17 岁时准备了一篇关于焦散曲线的文章，1824 年在爱尔兰皇家科学院宣读，但未发表，被劝告去重做和加以发展。1827 年他呈送皇家科学院一篇题为《光线系统的理论》的修改稿，该文建立了几何光学，1828 年发表在《爱尔兰皇家科学院学报》上。1827 年，他还是一个大学生时，就被任命为三一学院的天文学教授，从而获得了爱尔兰皇家天文学家的头衔。他在数学上的主要工作是关于四元数的，1843 年他在爱尔兰皇家科学院会议上宣告了四元数的发明，并为发展这个课题贡献了余生。1853 年出版了他的《四元数讲义》。他的两卷《四元数基础》是在他死后（1866 年）才出版的。

　　关于哈密尔顿发明的正 12 面体的顶点遨游问题，我们先画出由正 12 面体得到的平面网络（先挖去一个面，再经过橡皮变形得到），如图 5.5。哈密尔顿做了一个小木盘，如图 5.6，在各个"·"处挖一个小洞，插上小旗子，然后一个接一个地拔掉相邻的小旗

　　①　[美]克莱因. 古今数学思想（中译本）（第 3 册）. 上海：上海科学技术出版社，1980：175-178.

子，不仅要把所有的旗子拔光，而且要使最后一个拔掉的小旗子必须与最先拔掉的那个小旗子相邻，才算成功。如果作为一个玩具，做成如图 5.6 那样的同心圆可能更好。哈密尔顿就制作了这样一个玩具，并且标上了说明书，意译如下：

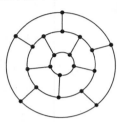

图 5.5　　　　　　　　图 5.6

12 面遨游，单身周游列国游戏。本玩具系钦命爱尔兰天文学博士、爵士 W. R. 哈密尔顿的发明。宴会席上，作为即兴表演，无比稀奇。

适当选好地球上 20 个城市和其间的路线，构成周游世界的旅行图，确实是个好游戏。

既然是一种游戏，自己来寻找路线，才有意思，若能开动脑筋找出规律，则可保证次次成功。

看图 5.5，如果所要求的路线是可能的话，那它一定是图中的一条封闭折线。又因为是依次通过这 20 个顶点，没有任何一个顶点经过两次，因此，这条封闭折线必定是一条简单闭折线（即自己不相交，或同胚于一个圆周）。具体说必须是一个简单 20 边形的周线。这个 20 边形是由组成网络的若干个五边形拼成的。首先，这些五边形不可能出现三个五边形共一个顶点的情形，因为否则这个共同的顶点就不在这些五边形拼成的多边形的边上，而是被包含在其内部（如图 5.7（a））。其次这些五边形也不能像图 5.7（b）

那样围成环形，否则拼起来的多边形的周线就要分成两个不相连的部分了。因此这些五边形只能排成一列，而且要拼成 20 边形，所以五边形的个数一定是 6(如图 5.7(c))。

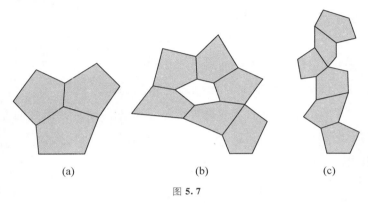

(a)　　　　　　(b)　　　　　　(c)

图 5.7

于是问题就变成，在图 5.5 的网络中，能否找出符合上述要求的一串五边形来呢？而这是容易做到的，例如图 5.8 中的五边形 1，2，3，4，5，6，就是这样的一串。

为了在图 5.8 中表示出一个行进路线，即画出图中画有阴影的 20 边形的周线，我们规定如下法则：由于正 12 面体每个顶点处都有三条棱相会，因此沿着一条棱行进到达该点时，前面只有两条路，要么向左，要么向右，二者必居其一，我们规定面朝前进方向，向左为一，向右为十。

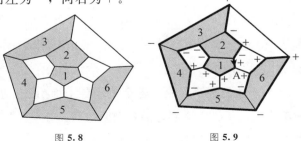

图 5.8　　　　　　　图 5.9

我们从图 5.9 中五边形 1 的标有箭头的棱开始，箭头标明了前进的方向，当到达第一个顶点 A 时，取向右的道路，因此 A 处标＋，到达第二个顶点时，仍向右，亦标＋，当走完这个 20 边形的周线重新回到 A，这个路标为

$$+++---\tilde{+}-+-\cdot+++---\tilde{+}-+- \qquad (5.4)$$

容易发现，这个路标的后一半（·以后）是前一半的重复，而且可以继续循环，因此，从哪里开始没有影响。

如果我们沿着与上述前进方向相反的方向前进，那么向左与向右恰好相反，所以只需把上述路标倒着写，并且交换＋与－，即可得新路标

$$+-+-++---+-+-++---$$

然而，这不外乎在前一个路标（5.4）中从带～的地方开始，还以原来的顺序写成而已。

如果我们规定向左为＋，向右为－，路标会如何呢？写出来便是

$$---++-+-+---+++-+-+$$

然而，这不外乎是把原来的路标（5.4）倒过来念而已。换句话说，＋与－互换，还照原来的顺序念的结果，等于＋－不变而倒过来念的结果。

因此，我们可以得到：这个路标（5.4）可以正念，也可以倒念；可以从任何一个地方开始念；＋和－可以分别表示向右和向左，也可以分别表示向左和向右。

由于正 12 面体的各个顶点，各个棱和各个面（正五边形）在正 12 面体的结构中地位是完全平等的，因此，从正 12 面体的任何一个顶点出发，按上述路标都能完成哈密尔顿的遨游。

　　对哈密尔顿的 12 面体顶点遨游问题，可以
改成中国式老太太 20 座庙烧香问题。庙与庙之
间有 12 面体式的道路相通，一座庙烧一次香，
烧遍 20 座庙的香，功德圆满回家去。为了不走
错路线，老太太带了一串佛珠，十个珠子五黑五
白，排列如图 5.10 所示，白珠指示向左，黑珠
指示向右，或取其相反。从某一条路开始，烧一

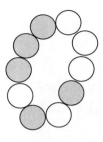

图 **5.10**

座庙的香，就拨一颗珠子；十颗珠子拨完还要再重复一次，才可
烧完 20 座庙的香。从哪一座庙开始，从哪一颗珠子拨起，都没有
关系，保证一定能不重不漏地烧完 20 座庙的香。

习题 4

1. 已知一个足球皮由若干个边长相等的正五边形和正六边形组成，试问它们各是多少个？（提示：应用关于多面体的欧拉公式）

2. 如图 5.11，分别从哈密尔顿顶点遨游盘上的 A，B，C 点出发，画出完成哈密尔顿顶点遨游的路线图。

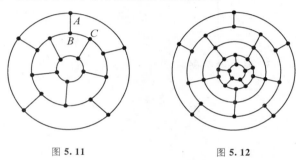

图 5.11   图 5.12

3. 分别从两个正 12 面体上各挖去一个面，然后把这两个开口的 11 面体，沿开口边缘的五边形对接起来，得到一个不是凸的 22 面体。在这个 22 面体所得到的网络上（如图 5.12，在接口处，四个面交会于一点），哈密尔顿顶点遨游是一定可能的。试画出一条将全部 35 个顶点游遍的路线。

§6. 欧拉公式的一个实际应用
——平面布线问题

问题　某地区有三个工厂和三座矿山，如图 6.1，要在每个工厂和每座矿山之间各修建一条轻便的专用铁路，如果不修建立交桥，也不修建隧道，要使这些铁路互不交叉，能否做到？这就是平面布线问题。

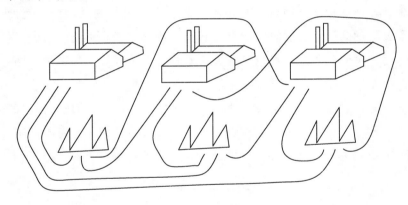

图 6.1

使其中 8 条路线互不相交的图不难画出，但第 9 条路线，怎么画也要与已画出的 8 条线中的某条线相交。画不出来，并不等于一定不存在，你画不出来，也许别人能画出来呢，现在画不出来，也许以后能画出来呢。本章就是要从理论上解决这类问题。

在上述问题中，我们感兴趣的只是哪两点之间有线段相连？以及所连各线段是否相交？至于所连线段是直的，还是弯曲的，以及诸线段的长度和线段间的角度等度量性质，在本问题中统统都是无关紧要的。因此这是一个属于拓扑学研究的问题。

§6.1 关于图和可平面图

直观地，我们把在空间中由有限个点和连接这些点的有限条线段（直线段或曲线段）组成的图形，叫作一个图，点叫作图的顶点，线段叫图的边。由一个图的一部分顶点和一部分边组成的图形，称为该图的一个子图。

如果一个图 G 能画在平面上，使每一条边最多只在它的两个端点处自身相交，即首尾相连，形成一个封闭的圈儿，而任意两条边最多也只能在它们的端点处相交，则称这个图 G 被嵌入到平面上。如果一个图 G 可以被嵌入到平面上，则称图 G 是可平面图，否则称为不可平面图。已经被嵌入到平面上的图，称为平面图。

例如图 6.2(a)，有 4 个顶点，6 条边，因为它能画成平面上的图 6.2(b)，使它的边只在端点处相交，因而图 6.2(a)是可平面图，图 6.2(b)是图 6.2(a)的一个平面嵌入，即为一个平面图。

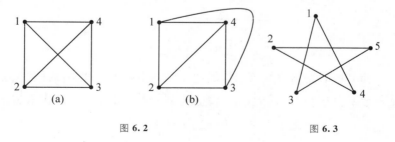

图 6.2　　　　　　　　　　　　图 6.3

再例如，我们来看图 6.3（由五个顶点 1，2，3，4，5 和五条边 13，35，52，24，41 组成）是否为可平面图？

我们设想图中的线段都是由弹性极好的橡皮筋做成的。

第 **1** 步　我们将边 13 拉出来，使它保持两个端点不动，且与其他边都不相交，见图 6.4(a)；

第 **2** 步　我们将边 14 拉出来，使它保持两个端点不动，且与其他边都不相交，见图 6.4(b)；

第 **3** 步　我们将边 35 拉开，使它保持两个端点不动，且与其他边都不相交，见图 6.4(c)。至此，它的五条边只在端点处相交，因此，图 6.3 是一个可平面图，图 6.4(c) 是它的一个平面嵌入，即为一个平面图。

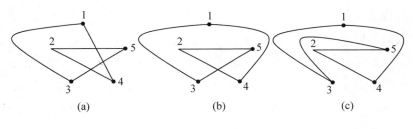

图 **6.4**

在本章开头提出的问题中，三个工厂和三个矿山用 6 个点表示，9 条铁路用 9 条边表示，如图 6.5 所示，于是所提问题转化为下述数学问题：图 6.5 是否为可平面图？

判断一个给定的图是否为可平面图，在诸如通信设计以及电子学中涉及借助平

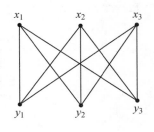

图 **6.5**

面印刷子电路来实现的电路设计等有关平面布线的问题中，有实际的应用。

§6.2 简单图、完全图和二部图

一个平面图的边将平面分成若干个连通区域，每一个连通区域称为一个面。对于一个平面图，恰有一个面是无限的，称它为无限面，面积有限的面，称为有限面。例如，图 6.2(b)中的边将平面剖分成 4 个面，分别由边 12，24 和 41；边 42，23 和 34；以及由边 14，43 和 31 围成的三个有限面，平面的其余部分，即边 12，23 和 31 所围区域以外的面是无限面。又例如，图 6.4(c)中的边将平面剖分成 2 个面，一个由边 13，35，52，24 和 41 围成的有限面，以及一个由平面的其余部分组成的无限面。

如果对于图中任意两个顶点，最多只有一条边以这两个顶点为它的两个端点，且没有哪条边的两个端点重合形成环时，称该图为简单图。例如，图 6.6(a)中有一个环，图 6.6(b)中以顶点 2 和 3 为端点的边有两条，因此，图 6.6 的(a)和(b)都不是简单图。在一个简单图中没有环，也没有两边形。

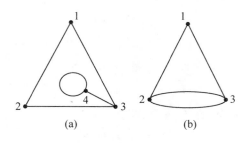

图 6.6

若一个图的任意两个顶点之间，都有一系列的边互相连接，该图就称为连通的。对于连通的平面图 G，欧拉公式 $V-E+F=2$ 也成立，此处 V 是图 G 的顶点数，E 是图 G 的边数，F 是图 G 的

面数(其中包含一个无限面)。证明留作练习。

　　由于平面图是可平面图的一个平面嵌入，因此可平面图和它的平面嵌入(平面图)有相同的顶点数和相同的边数，因此我们也可以对平面图谈论欧拉公式

$$V-E+F=2 。$$

　　现在我们来讨论凸多面体的欧拉公式和连通的平面图的欧拉公式之间的关系。

　　我们把凸多面体的表面称为一个凸多面形，因此，凸多面体的欧拉公式实际是凸多面形的欧拉公式。我们把一个橡皮膜做成的凸多面形"绷"在球面上，使多面形的顶点不放在球面的北极点 N 上，作以北极点 N 为投影中心、把去掉北极点 N 以后的球面投射到与球面相切于南极点的平面上的球极投影(图 6.7 以四面形为例)，则该多面形被投影成一个连通的平面图。

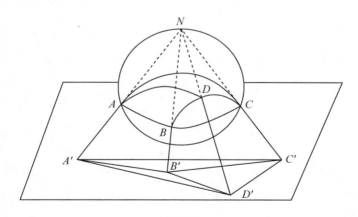

图 **6.7**

　　注意　这一结论，反过来不一定成立。(想一想作为平面图的三角形，在上述投影中，球面上的对应图形，是一个凸多面

形吗?)

可见，连通的平面图的欧拉公式比凸多面形的欧拉公式更为一般。也就是说，我们可以从连通的平面图的欧拉公式得到凸多面形的欧拉公式，而反过来却不行。

下面我们来介绍两类具有特别重要意义的图。

1. 完全图

若一个图的任意两个顶点之间恰有一条边，则称该图为一个完全图。有 n 个顶点的完全图记为 K_n。K_1，K_2，K_3，K_4 都是平面图，见图 6.8。

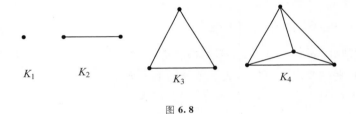

图 **6.8**

K_5 如图 6.9 所示。K_5 是可平面图吗?

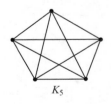

图 **6.9**

2. 二部图

若图 G 的顶点集合能分成两个子集 X 和 Y，只允许不同子集的顶点之间有边相连，则称图 G 为二部图。若不同子集的每个顶点之间都有边相连，则称图 G 为完全二部图。若子集 X 包含 m 个顶点，子集 Y 包含 n 个顶点，则完全二部图记为 $K_{m,n}$。$K_{1,1}$，$K_{2,2}$ 都是平面图，见图 6.10。

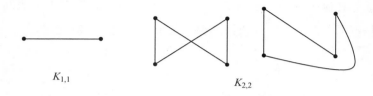

$K_{1,1}$　　　　　　　　　　$K_{2,2}$

图 **6.10**

　　$K_{3,3}$ 如图 6.11 所示。本节开头的问题中的图（图 6.5）就是这里的 $K_{3,3}$，于是问题转化为 $K_{3,3}$ 是可平面图吗？

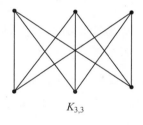

$K_{3,3}$

图 **6.11**

§6.3　两个最简单的不可平面图

　　现在我们来解决上文中提出的问题：K_5 和 $K_{3,3}$ 是可平面图吗？

　　在本章，我们将根据平面图的欧拉公式导出连通的简单图是平面图的必要条件。一个图若不具备此条件，则可断言该图是不可平面图。

　　我们将图 K_5 画在平面上，如图 6.12(a)，试着将图中相交的边拉开，但总免不了出现边相交的情况。例如，如图 6.12(b)，将边 13 和 53 分别拉到五边形之外，使它们与其他边不相交，但边 14 和 25 仍相交，而且把它们当中的任一条拉到五边形外，仍避免不了与其他边相交。虽然试验多次都不成功，但我们仍不能断言它是不可平面的，因为或许还存在某个不相交的画法呢。

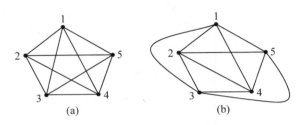

图 6.12

上述通过试画的方法不行，那么，我们得另想办法。若能寻找出连通的平面图的必要条件：则当一个图 G 不满足平面图的某个必要条件时，即可断言它必不是平面图。

我们来推求连通的简单平面图 G 的顶点数 V、边数 E 和面数 F 之间必须满足的关系式。

注意到当图 G 只有 1 个顶点或 2 个顶点或 3 个顶点和边数为 1 或 2 或 3 时，该图一定是平面图，因此，我们可以假设，我们这里所讨论的图 G 的顶点数 V 和边数 E 都大于 3。

首先，因为图 G 是简单的，即没有一边形（环），也没有两边形，所以每个面至少是 3 边形。设图 G 有 F 个面（其中包含一个无限面），于是边的总数 $\geqslant 3F$。其次，因为每条边都是相邻两个面的公共边，所以在计算边的总数时，每条边都被计算两次（若一条边的两侧是同一个面，则计算该面的边的条数时，该边也被计算两次），因此有 $2E \geqslant 3F$，得 $F \leqslant \dfrac{2}{3}E$。最后，将 $F \leqslant \dfrac{2}{3}E$ 代入欧拉公

式 $V-E+F=2$ 中，得 $V-E+\dfrac{2}{3}E \geqslant 2$，即 $V-\dfrac{1}{3}E \geqslant 2$，得

$$E \leqslant 3V-6。 \qquad (6.1)$$

(6.1)即为所求连通的简单平面图 G 的顶点数 V、边数 E 和面数 F 之间必须满足的关系式。它就是连通的简单平面图的一个必要条件，因此，若我们能得到图 G 不满足(6.1)，则必可断言该图 G 不是可平面图。但反过来不一定成立，即若我们能得到图 G 满足(6.1)，并不能断言该图 G 一定是可平面图，因为(6.1)不是连通的简单平面图的充分条件。

现在我们用(6.1)来检验图 K_5。由图 6.9 得 $V=5$，$E=10$。由(6.1)：$E \leqslant 3V-6$ 应有 $10 \leqslant 3 \times 5-6=9$，产生矛盾，说明图 K_5 不满足(6.1)，所以图 K_5 不是可平面图。

对于图 $K_{3,3}$（图 6.11），我们将它画在平面上，试着将图中相交的边拉开，试验多次，总避免不了出现边相交的情况。于是我们用(6.1)来检验图 $K_{3,3}$。对于图 $K_{3,3}$，$V=6$，$E=9$，由(6.1)：$E \leqslant 3V-6$ 有 $9 \leqslant 3 \times 6-6=12$，成立。满足(6.1)，但如前所说，我们不能因此就断言图 $K_{3,3}$ 是可平面图。还得另想办法。

下面我们来推导连通的简单二部图 G 是可平面图时，它的顶点数 V、边数 E 和面数 F 之间必须满足的关系式（注意到一个可平面图的顶点数和边数和它对应的平面图的顶点数和边数分别相同）。

首先，因为图 G 是简单的，即没有一边形（环），也没有两边形，又因为图 G 是二部图，所以也没有三边形（这是因为二部图的边只能是两个不同的顶点子集合中的顶点间的连线，若存在三边形，则必须至少有一边的两个端点在同一个顶点子集合中，而这是不允许的）。因此，每个面至少是 4 边形。设图 G 有 F 个面（其中包含一个无限面），于是边的总数 $\geqslant 4F$。其次，因为每条边都是

相邻两个面的公共边，所以在计算边的总数时，每条边都被计算两次（若一条边的两侧是同一个面，则计算该面的边的条数时，该边也被计算两次），因此有 $2E \geqslant 4F$，得 $F \leqslant \frac{1}{2}E$。最后，将 $F \leqslant \frac{1}{2}E$ 代入欧拉公式 $V-E+F=2$ 中，得 $V-E+\frac{1}{2}E \geqslant 2$，即 $V-\frac{1}{2}E \geqslant 2$，得

$$E \leqslant 2V - 4。 \tag{6.2}$$

（6.2）即为当连通的简单二部图 G 是可平面图时，图 G 的顶点数 V、边数 E 和面数 F 之间必须满足的关系式。它就是连通的简单二部图 G 是可平面图的一个必要条件，因此，若我们能得到图 G 不满足（6.2），则必可断言该图 G 不是可平面图。但反过来不一定成立，即若我们能得到图 G 满足（6.2），并不能断言该图 G 一定是可平面图，因为（6.2）不是连通的简单二部图 G 是可平面图的充分条件。

现在我们用（6.2）来检验图 $K_{3,3}$。由图 6.11 得 $V=6$，$E=9$。由（6.2）：$E \leqslant 2V-4$ 应有 $9 \leqslant 2 \times 6 - 4 = 8$，产生矛盾，说明图 $K_{3,3}$ 不满足（6.2），所以图 $K_{3,3}$ 不是可平面图。

至此，我们解决了本章开头提出的问题，要在三个工厂和三座矿山之间修建 9 条铁路，如果不修建立交桥，也不修建隧道，要使它们互不相交，是不可能的。

图 K_5 和图 $K_{3,3}$ 是两个最简单的不可平面图。之所以说它们是"最简单"的，是由于从这两个图中，只要去掉任何一条边，它们就变成可平面图了（证明留作练习）。当然还有许许多多的不可平面图。那么，给定平面上一个图，如何判定它是不是不可平面

图呢？

由于图 K_5 和图 $K_{3,3}$ 是两个最简单的不可平面图，显然，包含图 K_5 和图 $K_{3,3}$ 的图都是不可平面图。

我们把在图 K_5 和图 $K_{3,3}$ 的边上添加一些顶点得到的图，如图 6.13 所示，分别称为 K_5 型图和 $K_{3,3}$ 型图。显然，K_5 型图和 $K_{3,3}$ 型图都是不可平面图。

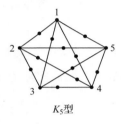
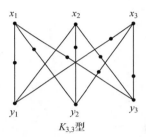

图 **6.13**

1930 年波兰数学家库拉托夫斯基（C. Kuratowski）得到了一个简单而漂亮的结果：

库拉托夫斯基定理 所有不可平面图都包含 K_5 型图或 $K_{3,3}$ 型图作为它的子图。（证明略）

例 1 判断下列各图（图 6.14(a)(b)(c)）是否为可平面图。

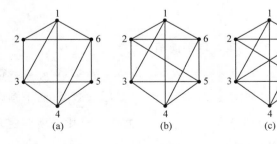

图 **6.14**

解 对于图 6.14(a)，将边 26 和 35 拉到六边形外，如图 6.15 所示，就可避免各边相交，因此，图 6.14(a)是可平面图；

对于图 6.14(b)，将边 13，14 和 46 拉到六边形外，如图 6.16 所示，就可避免各边相交，因此，图 6.14(b)是可平面图；

对于图 6.14(c)，尝试将某些边拉到六边形外，仍不可避免相交。于是转而用必要条件(6.1)$E \leqslant 3V-6$ 来检验。此图 $V=6$，$E=13$，$13 \leqslant 3 \times 6 - 6 = 12$，矛盾，即(6.1)不满足，因此得，图 6.14(c)是不可平面图。

对于图 6.14(c)，还可以这样解：观察它的图形，可以发现它含有 $K_{3,3}$ 作为它的子图，图 6.17 中由粗线组成的图即为 $K_{3,3}$（两个顶点子集分别为{1，3，5}和{2，4，6}），因此，根据库拉托夫斯基定理，图 6.14(c)是不可平面图。

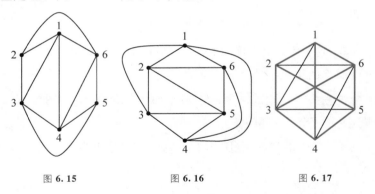

图 6.15   图 6.16   图 6.17

例 2 图 6.18 是否为可平面图？

解 在图 6.18 中去掉边 $u_1 u_2$，$u_3 u_4$，$u_5 u_6$ 和 $u_7 u_8$，得到图 6.18 的一个子图（如图 6.19），它是一个 $K_{3,3}$ 型图（两个顶点集分别是{x_1，x_2，x_3}和{y_1，y_2，y_3}），根据库拉托夫斯基定理，图 6.18 不是一个可平面图。

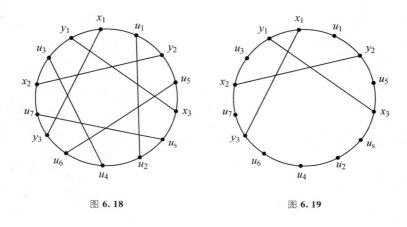

图 6.18　　　　　　　　　图 6.19

习题 5

1. 对于连通的平面图，证明欧拉公式 $V-E+F=2$。

2. 判断下列各图是否为可平面图。

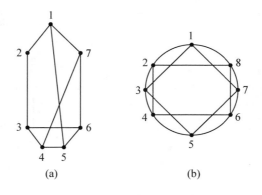

(a)　　　　　　　　　(b)

图 6.20

3. 判断下列各图是否为可平面图。

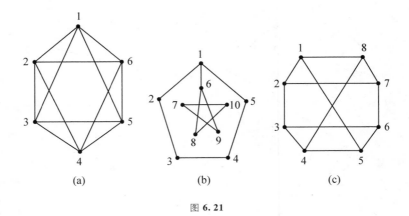

图 **6.21**

4. 证明下列四个图皆为可平面图。

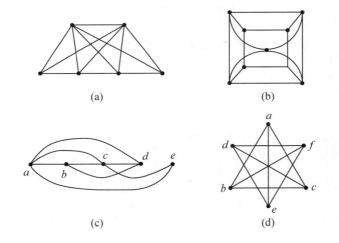

图 **6.22**

5. 证明：(1)对于 K_5 的任意一条边 e，$K_5 - e$ 是可平面图；

(2)对于 $K_{3,3}$ 的任意一条边 e，$K_{3,3} - e$ 是可平面图。

§7. 欧拉发现欧拉公式的故事

虽然建立拓扑学是近一百多年来的创造，但从 17 世纪开始，就已经陆陆续续有一些个别的发现，其中最重要的一个要算是关于简单多面体的顶点数、棱数和面数之间关系的公式。这个公式早在 1639 年就被解析几何的创始人法国数学家笛卡儿发现，通过笛卡儿的手稿，莱布尼茨 1675 年也知道这个公式。但这个公式并没有广泛流传开来。直到又经过一百多年，1750 年欧拉又重新独立地发现了它，这个公式才广为世人所知，并称之为欧拉公式。后来当庞加莱认识到上述关系式和它的推广是拓扑学的中心定理之一时，人们才认识到上述欧拉公式是一个典型的拓扑性质的定理，并确立了欧拉公式在拓扑学中的重要地位。

当初笛卡儿是如何发现这个公式的？我们无从知道。不过还好，美国数学教育家波利亚告诉了我们欧拉是如何发现这个公式的。

图 **7.1**　欧拉

欧拉[①]（L. Euler，1707—1783，瑞士数学家）欧拉出生在一个牧师家庭，13 岁入巴塞尔大学，15 岁获学士学位，翌年得硕士学位。父亲希望他学神学，而他最感兴趣的是数学。1727 年受彼得堡科学院的邀请，到俄国从事数学研究达 14 年，这期间，大量的写作带来

---

① 大百科全书（数学卷）（第一版）. 北京：大百科全书出版社，1988：498—499.

的眼疾使他右眼失明，时年仅 28 岁。1741 年欧拉应普鲁士腓特烈大帝的邀请到柏林科学院工作，达 25 年之久。1766 年重回彼得堡科学院。不久一场重病，使他的左眼也完全失明。然而他惊人的记忆力和心算技巧，使他的创造力得以发挥。他通过与助手们的讨论以及直接口授的方式，17 年中又完成了大量的著作，直至生命的最后一刻。欧拉是历史上最伟大的数学家之一，也是迄今为止最多产的数学家，他几乎对数学的每一个分支都有贡献，包括代数、几何、微积分、数论、复变函数、微分方程等。现在通用的许多数学符号是欧拉留给我们的，如函数 $f(x)$，自然对数的底 e，求和号 $\sum$ 及虚数单位 i 等。他的全集将有 74 卷，而他的论著中将近半数是在双目失明后完成的。

美国著名数学教育家波利亚致力于"数学的发现"的研究，在这方面，他给我们提供了不少富有启发性的例子。欧拉是如何通过类比和归纳发现凸多面体的顶点数(V)、棱数(E)和面数(F)之间的关系 $V-E+F=2$ 的呢？波利亚把这个发现的过程"照原样"提供给了我们。发现的过程不仅是有趣的，而且我们从"发现的过程"比从发现的结论中能学到更多的东西。下面我们就跟随波利亚沿着欧拉的脚印一步一步往前走，看看欧拉的所思所想，探寻他发现 $V-E+F=2$ 的奥秘。

§7.1　提出问题

多面体是由一些平面多边形围成的，就像多边形是由它的边围成的一样。欧拉将空间的多面体和平面上的多边形进行类比，看看能不能从多边形的某些事实发现多面体的类似的事实。我们知道三角形的三角之和为 $180°$，即 π 弧度，它同三角形的形状与大小无关。一般地我们有任意 n 边形的内角和为 $(n-2)\pi$，它同 n 边形的形状与大小无关。欧拉提出研究的问题是：对于多面体有没有类似的结果？

　　欧拉注意到，关于多面体（如图 7.2）的角有三种。（1）每一条棱处有一个二面角，它是由包含这条棱的两个面构成的；（2）每一个顶点处有一个立体角，它是由所有包含这个顶点的面围成的；（3）围成多面体的每一个面都是一个多边形，它

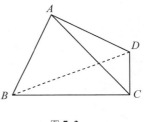

图 **7.2**

的每一个内角叫作多面体的一个面角。于是欧拉的问题变成：多面体的所有二面角之和、所有立体角之和与所有面角之和，它们有没有只与多面体的顶点数、棱数和面数有关而与形状无关的性质？

　　关于二面角，由立体几何知道，过二面角的棱上任意一点，在它的两个面内分别作垂直于棱的射线，二射线之间的夹角，称为该二面角的平面角，就用它来度量二面角的大小，如图 7.3（a）（特别地，当二面角的两个面重合时，二面角的大小为零；当二面角的两个面组成一个平面时，二面角的平面角是一个平角，该二面角的大小为 $180°$，即 π）。关于立体角，以它的顶点为球心作半径为 1 的球面，这个立体角所包含的球面部分是一个球面多边形，用这个球面多边形的面积，来度量这个立体角的大小，如图 7.3（b）（特别地，当立体角的各个面重合时，立体角的大小为零；当立体角的各个面组成一个平面时，这个立体角所包含的球面部分是整个大圆围成的球面三角形恰为半球面，因整个球面的面积为 $4\pi r^2$，半球面面积为 $2\pi r^2$，所以这个立体角等于 2π）。

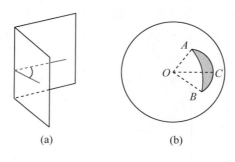

(a)　　　　　(b)

图 7.3

§7.2 遭遇挫折

欧拉首先考虑多面体的所有二面角之和及所有立体角之和是否具有某种简单的性质。他从最简单的多面体——四面体开始观察，看看这些和与四面体的形状是否有关。

为了便于计算，欧拉考察两个退化的情形，即立体图形退化成平面图形的情形：

（1）四面体退化成一个平面三角形，它的三条棱变成三角形的三条边，另外三条棱变成三角形内一点到三个顶点的连线段（如图7.4）。

（2）四面体退化成一个平面凸四边形，它的六条棱变成四边形的四条边和两条对角线（如图 7.5）。

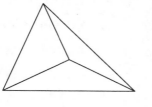

图 7.4

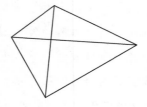

图 7.5

记所有二面角之和为 $\sum\delta$，所有立体角之和为 $\sum\omega$。

对于情形(1)(如图 7.4)，由前面的讨论可知，分别包含三角形三条边的三个二面角皆为零，分别包含中间三条棱的三个二面角各为 π，所以 $\sum\delta=3\pi$；分别包含三角形三个顶点的三个立体角皆为零，包含位于三角形内部的顶点的立体角等于 2π，所以 $\sum\omega=2\pi$。

对于情形(2)(如图 7.5)，由前面的讨论可知，分别包含四边形四条边的四个二面角皆为零，分别包含对角线的两个二面角各为 π，所以 $\sum\delta=2\pi$；分别包含四边形四个顶点的四个立体角皆为零，所以 $\sum\omega=0$。

可见，以上两种情形的二面角之和 $\sum\delta$ 及立体角之和 $\sum\omega$ 都不相等。这个结果说明，四面体的所有二面角之和及所有立体角之和都与四面体的形状有关。至此，欧拉通过对退化的四面体的简单计算，成功地否定了"四面体的二面角和及立体角和，有类似于三角形的内角和的简单性质"的想法。说明多面体的二面角和及立体角和，没有类似于三角形的内角和的简单性质。多么令人失望！不过到此还不能说完全绝望，因为还有多面体的面角和尚未考察！欧拉继而考察多面体的所有面角和，看看能发现些什么。

§7.3　柳暗花明

记多面体的所有面角和为 $\sum\alpha$。欧拉先考察四面体(如图 7.2)。它由四个三角形面围成，所以 $\sum\alpha=4\times\pi=4\pi$，而且它与四面体的形状大小无关，这个结果对欧拉是一个鼓励。

欧拉继续观察五面体，图 7.6(a) 和图 7.6(b) 都是五面体。图 7.6(a) 由两个三角形和三个四边形围成，$\sum \alpha = 2 \times \pi + 3 \times 2\pi = 8\pi$。图 7.6(b) 由四个三角形和一个四边形围成，$\sum \alpha = 4 \times \pi + 2\pi = 6\pi$。这两个 $\sum \alpha$ 不等，说明面角和不能简单地由面的个数来决定。

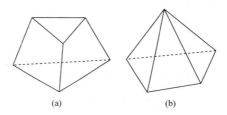

(a)　　　　　　　　(b)

图 7.6

欧拉又计算了几个多面体的面角和：

正方体：由六个正方形围成（图 7.7(a)），$\sum \alpha = 6 \times 2\pi = 12\pi$；

正八面体：由八个三角形围成（图 7.7(b)），$\sum \alpha = 8 \times \pi = 8\pi$；

五棱柱：由两个五边形和五个平行四边形围成（图 7.7(c)），

$$\sum \alpha = 2 \times (5-2)\pi + 5 \times 2\pi = 16\pi;$$

在正方体的顶面上加一个四棱柱：这个尖顶塔形，由五个正方形和四个三角形围成（图 7.7(d)），$\sum \alpha = 5 \times 2\pi + 4 \times \pi = 14\pi$。

(a)　　　　(b)　　　　(c)　　　　(d)

图 7.7

把上述观察结果列成表 7.1。

表 7.1

多面体名称	面数	面角和 $\sum \alpha$
四面体	4	4π
五面体(a)	5	8π
五面体(b)	5	6π
正方体	6	12π
八面体	8	8π
五棱柱	7	16π
尖顶塔形	9	14π

我们从表 7.1 中能发现什么规律吗？什么也看不出。欧拉换了一个角度来考察，计算每个顶点处各面角之和（这里只限于讨论凸多面体）。欧拉考虑当各个面不全是正多边形时，虽然不知道它们的准确值，但它总小于周角 2π。因此若用 V 表示所考察的多面体的顶点个数时，总有 $\sum \alpha < 2\pi V$，欧拉把表 7.1 扩充为表 7.2。

表 7.2

多面体名称	面数 F	面角和 $\sum \alpha$	顶点数 V	$2\pi V$
四面体	4	4π	4	8π
五面体(a)	5	8π	6	12π
五面体(b)	5	6π	5	10π
正方体	6	12π	8	16π
八面体	8	8π	6	12π
五棱柱	7	16π	10	20π
尖顶塔形	9	14π	9	18π

图 7.8

从表 7.2 中可以看出，对于每一个多面体，$2\pi V$ 总大于 $\sum \alpha$。大多少呢？欧拉发现，二者的差竟是一个常数 4π，即

$$2\pi V - \sum \alpha = 4\pi。$$

这难道是一个偶然的巧合吗？看来不像，因为表中既包含了规则的正多面体，又包含有不规则的正多面体。因此欧拉大胆地猜想：对于任意凸多面体有关系式

$$\sum \alpha = 2\pi V - 4\pi。 \qquad (7.1)$$

注意这只是一个猜测。

这个猜测对吗？欧拉为了检验他的猜测，又举了几个多面体来进行考察验证（见表 7.3）。

表 7.3

多面体名称	面数 F	$\sum \alpha$	顶点数 V	$2\pi V$	$2\pi V - \sum \alpha$
正 12 面体	12	36π	20	40π	4π
正 20 面体	20	20π	12	24π	4π
n 棱柱	$n+2$	$(4n-4)\pi$	$2n$	$4n\pi$	4π
n 棱锥	$n+1$	$(2n-2)\pi$	$n+1$	$(2n+2)\pi$	4π

对于上述多面体，猜测的(7.1)都是对的，它们增加了猜测的可靠性，但欧拉知道这还不是对一般情形的证明。

波利亚指出："观察可以导致发现，观察可以揭示某些规律。观察可以带来更多的获得有价值的结果的机会，不过要有好的思想、好的看法作指导。"

"观察只能产生推测性的判断或猜测，但不能给出证明。"

"猜想和证明，推测和事实，二者之间的差别应当仔细地加以区分。"

"科学家们实际上做了些什么呢？他们想出一些假设，再通过实验对它们进行检验。一句话，科学方法就是'猜测加检验'。"

§7.4　再接再厉

上面欧拉对多种多面体的面角和 $\sum \alpha$ 进行观察和归纳，并在一个"好的思想"（与顶点周角和比较）指导下，得出一个猜想 (7.1)。现在欧拉再对面角和 $\sum \alpha$ 进行推理计算。欧拉先分别计算各个面的内角和，然后再相加。记各个面的边数分别为

$$s_1, \ s_2, \ \cdots, \ s_F,$$

这里 F 是多面体的面数。于是

$$\sum \alpha = (s_1 - 2)\pi + (s_2 - 2)\pi + \cdots + (s_F - 2)\pi$$
$$= (s_1 + s_2 + \cdots + s_F - 2F)\pi,$$

其中 $s_1 + s_2 + \cdots + s_F$ 是多面体的 F 个面的边数的总和。由于多面体的每条棱恰是相邻两个面的公共边，因此，在这个边数总和中，多面体的每一条棱恰好被计算了两次，于是有

$$s_1 + s_2 + \cdots + s_F = 2E,$$

此处 E 是多面体的棱数。因此得到

$$\sum \alpha = 2\pi (E - F). \tag{7.2}$$

注意这个关系式不是猜测，而是事实，因为它是根据推理计算得出的，上述推导的每一步都有根据。从(7.1)和(7.2)中消去 $\sum \alpha$，得到关系式

$$F + V = E + 2。 \tag{7.3}$$

由于(7.1)是猜测，所以(7.3)也是猜测。但由于(7.3)是(7.1)根据已经证明的(7.2)得到的，因此(7.1)和(7.3)要么都成立，要么都不成立。

(7.3)(即是人们熟悉的欧拉公式 $V - E + F = 2$)及(7.1)，都是欧拉发现的。(其实这两个关系式笛卡儿比欧拉早100年就已经发现了，不过欧拉当时并不知道，笛卡儿的手稿是在欧拉逝世100年后才出版的。)

§7.5 给出证明

欧拉在他的两篇论文中讨论了上述问题。第一篇说明了他是如何发现上述两个关系式的。前面的讲法基本上是波利亚按照欧拉的论文叙述的。欧拉在第二篇论文中试图给出证明，然而在他的证明中有一个很大的漏洞。

下面是波利亚给出的一种与前面的讨论很接近的证明。

我们设想多面体是弹性极好的橡皮膜围成的，面和棱都可以任意伸缩和倾斜。当这个多面体连续变化时，多面体的面可以逐渐变得更加倾斜，这时各面的交线(即棱)和交点(即顶点)也连续地改变，但多面体的总体结构即多面体的面、棱和顶点之间的相互关系不会改变，于是多面体的面数 F、棱数 E 和顶点数 V 也不会改变。各个面角的大小 α 可能发生变化，但是前面我们已经证明 $\sum \alpha = 2\pi(E - F)$，即面角和是由棱数和面数决定的，因此面角的

总和 $\sum\alpha$ 是不会改变的。下面我们将多面体连续地变到一个非常极端的情形来计算 $\sum\alpha$ 。

以多面体的一个面为底面，并将该面适当变大，使得多面体的其他面（共 $F-1$ 个面）向底面的正投影，全部落在底面内。这时，将多面体垂直压向底面，于是多面体被"压平"为两个重叠在一起的多边形，上下两块的外轮廓线互相重合。下面的多边形是一整块（即底面），上面的一块分成 $F-1$ 个小多边形，每个小多边形是原来多面体的一个面。以立方体为例，以面 $ABCD$ 为底面，将底面 $ABCD$ 适当变大，并将立方体向底面 $ABCD$ 压平，得到的图形如图7.9所示。

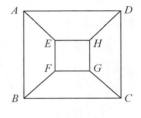

图 7.9

现在我们对压平后的多面体计算 $\sum\alpha$ 。设上下两块的共同外轮廓线的边数为 m ，于是底面多边形的面角和为 $(m-2)\pi$ 。上面一块的面角和分为两部分，外轮廓线上各顶点（共 m 个）处的面角和为 $(m-2)\pi$ ，内部各顶点（共 $V-m$ 个）处的面角和为 $(V-m)2\pi$ 。于是

$$\sum\alpha=(m-2)\pi+(m-2)\pi+(V-m)2\pi=2V\pi-4\pi.$$

这就是前面欧拉所猜想的(7.1)，现在得到了证明。

再加上前面已经证明 $\sum\alpha=2\pi(E-F)$ ，所以得到

$$V-E+F=2.$$

至此，欧拉公式得到证明，不再是猜想。

波利亚通过上述欧拉发现欧拉公式的过程告诉我们：

上述发现过程揭示了人们很少注意的数学的一个重要方面，即数学在这里是作为一种"观察的科学"，是借助于观察和类比而导致发现的科学，同时揭示了什么是科学的"归纳方法"，从而不

仅有利于我们加深对数学的理解，而且有利于我们加深对其他科学的理解。

什么是科学的"归纳方法"？欧拉公式的发现，绝不是如§4开头所做的那样，对几个凸多面体，数一数它们的顶点数、棱数和面数，再计算"顶点数－棱数＋面数"的结果都等于2，这般简单的一"归纳"就"发现"了欧拉公式。如此发现也太简单、太容易了！这简直是将"归纳法"庸俗化了。为什么是计算"顶点数－棱数＋面数"，而不是计算其他算式？这是经历了漫长而曲折的过程，才得到的结果。观察和归纳在生物科学中尤其重要。科学的"归纳方法"，必须有"好的思想""好的看法"作指导，才能发现规律，获得有价值的结果。

波利亚希望在将来的高级中学里，不会像现在这样完全忽视数学的发现、科学方法及数学的归纳方法。

从上述欧拉发现欧拉公式的过程，给我们哪些有益的启示呢？欧拉非凡的创造性表现在哪些方面？

1. 欧拉通过类比发现问题、提出问题。他由平面多边形内角和＝$(n-2)\pi$，联想到空间多面体，问空间多面体是否有类似的简单性质？从而提出了一个重要的研究课题。

2. 在研究过程中从观察最简单的情形开始，对于四面体的二面角和、立体角和，欧拉通过对其两种不同的极端情形（或退化情形）的观察，得到两种不同的结果，从而轻而易举地就否定了多面体的二面角和、立体角和与多面体的形状无关的结论。此处若不是考察四面体的退化成平面图形的情形，而是考察一般的四面体，由于其各个二面角和立体角太一般，不仅计算非常复杂，甚至可能使讨论无法进行下去。欧拉在这里对极端情形的应用真称得上是精妙绝伦。

3. 对于多面体的面角和，观察结果只有四面体的面角和与形状无关，其余多面体的面角和都与其形状有关。得到一大堆观察数据，看不出有任何规律，是否就真的没有规律了呢？欧拉发现，这些多面体的面角和，总比在每个顶点处取一个周角之总和要小，小多少呢？计算发现，它们的差竟然是一个常数——4π，而与多面体的形状无关。真是一个伟大的发现！可见由归纳发现规律，不是一件简单的事情，用波利亚的话说，就是归纳方法必须"要有一个好的思想作指导"才能发现规律。欧拉在这里提出"将多面体的面角和，与在每个顶点处取一个周角之总和相比较"，就是导致发现的一个好的指导思想，是欧拉非凡创造性的表现。

从类比提出问题，论证中巧妙运用极端化的情形，提出一个好的思想指导归纳，这三点是上述欧拉发现欧拉公式的过程给我们的有益启示，这三点也充分体现了天才的数学大师欧拉的创造性，值得我们好好地用心体会。

最后，我们来研究一个问题：在欧拉发现欧拉公式的过程中，最为关键的一步是，"将多面体的面角和 $\sum \alpha$ 与各顶点处的周角之总和 $2\pi V$ 相比较，结果发现差为常数 4π"。这一奇思妙想是怎么得来的？欧拉没有告诉我们，难道真是从天上掉下来的吗？人们可以这样猜想：欧拉可能是与平面上任意凸多边形的外角和为常数 2π 类比想到的。平面上任意凸 n 边形的内角和为 $(n-2)\pi$，每一个顶点处的内角总小于平角，那么所有内角的和，一定小于在每顶点处取一个平角的总和，小多少呢？其差正是 n 边形的外角和常数 2π。很可能欧拉就是类比这一性质，将多面体的所有面角之和 $\sum \alpha$ 与在每个顶点处取一个周角之总和 $2\pi V$ 相比较，结果发现差为常数 4π 的。这只是我们的分析和猜想。

§8. 欧拉解决七桥问题的故事

"七桥问题",据欧拉说在当时是相当著名的,问题是这么说的:在普鲁士的哥尼斯堡镇有一个岛,叫"奈发夫",普雷格尔河的两支绕流其旁,七座桥 a,b,c,d,e,f,g 横跨在河的这两条支流之上(如图 8.1)。问:能不能设计一条散步的路线,使得每座桥都走过一次,而且不多于一次。

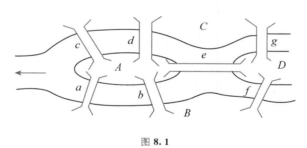

图 **8.1**

你知道当初欧拉是如何解决七桥问题的吗?

1736 年,欧拉就七桥问题的研究成果,在圣彼得堡科学院作了一个报告,题为《哥尼斯堡的七座桥》。中国科学院的姜伯驹院士在 20 世纪 60 年代为我国青少年数学爱好者撰写的数学科普读物《一笔画和邮递员路线问题》中收录了这个报告①。我们要谢谢姜伯驹院士,他向我们提供了世界著名数学家欧拉的这篇研究报告。

---

① 姜伯驹. 一笔画和邮递员路线问题. 北京:人民教育出版社,1964:30—36.

本书的作者现根据欧拉的研究报告，编写成这篇欧拉解决七桥问题的故事。让我们看看数学大师欧拉是如何提出问题，分析问题和解决问题的，看看欧拉是如何进行思考的。

§8.1　对问题的性质进行分析
——认清问题，并确定解题目标

欧拉首先分析七桥问题是一个什么性质的问题，他说："讨论长短大小的几何学分支一直被人们热心地研究着，但是还有一个至今几乎完全没有探索过的分支，莱布尼茨最先提起过它，叫它'位置几何学'(geometria situs)。这个几何学分支讨论只与位置有关的关系，研究位置的性质；它不去考虑长短大小，也不牵涉到量的计算。但是至今未有过令人满意的定义，来刻画这门位置几何学的课题与方法。近来流传着一个问题(指七桥问题)，它虽然无疑是属于几何学的，却不是求一个尺寸，也不能用量的计算来解答；所以我毫不犹豫就把它归入位置几何学，特别还因为要解答它只需考虑位置，不用计算。在这里我要讲一讲我所发现的解答这类问题的方法，它可以作为位置几何学的一个例子。"莱布尼茨所说的"位置几何学"就是现在我们所说的拓扑学。在七桥问题中，我们只关心哪两块陆地之间有几座桥相连，并不关心陆地的大小，桥的位置和长短宽窄，所以欧拉毫不犹豫地把七桥问题归入拓扑学的范畴。

在明确了问题的性质以后，欧拉没有把自己完全限制在七座桥这个具体问题中，而是向自己提出了下面这个非常一般的河桥问题：

"给定任意一个河道图与任意多座桥，要判断可能不可能每座桥恰好走过一次"。

欧拉为自己确定了一个明确的解题目标。他说：

"哥尼斯堡的七座桥这个特殊问题可以这样来解决：细心地把所有可能的走法列成表格，逐一检查哪些（如果有的话）是满足要求的。然而，这种解法太乏味，而且太困难了，因为可能的组合的数目太大，而对于别的桥数更多的问题它根本就不能用。因此我放弃了它，去寻找另一种更专用的方法。那就是说这种方法要告诉我们怎样能一下子找出满足要求的路线。我相信，这样的方法会简单得多。"欧拉的目标是要对任意的一个河—桥图，能否每座桥各走一次，找出一个既简单又实用的判别方法。

§8.2 将问题抽象化、数学化

欧拉首先以适当并且简易的方式把过桥记录下来：他用大写字母 A，B，C，D 表示被河分隔开的陆地。当一个人从 A 地过桥 a 或 b 到 B 时，他把这次过桥记作 AB，第一个字母代表步行者来的地方，第二个字母代表步行者过桥后所到的地方。如果步行者接着从 B 过桥 f 到 D，这次过桥记作 BD。这接连的两次过桥 AB 和 BD 欧拉用三个字母 ABD 来记录，中间的字母 B 既表示第一次过桥时进入的地方，又表示第二次过桥时离开的地方。

类似地，如果步行者继续从 D 过桥 g 到 C，欧拉把接连的三次过桥用四个字母 $ABDC$ 来记录。这四个字母表示原在 A 处的步行者过桥到 B，然后到 D，最后到 C；既然这些地方之间都被河隔开，步行者必须过三座桥。过四座桥将用五个字母表示，而且步行者过任意多座桥，代表他的路线的字母个数比桥数多一。例如，过七座桥要用八个字母。

欧拉按这个方法，并不去注意步行者走过的是哪些桥，也就是说，当从一地过河到另一地有好几座桥时，不去管步行者走的是哪一座桥。于是，如果有一条路线能走过哥尼斯堡的七座桥每座桥恰好一次，那么我们就能用八个字母来表示这条路线；而且在这串字母里，AB（或 BA）这个组合要出现两次，因为有两座桥连接 A，B 两地区；类似地，AC 这个组合要出现两次，而 AD，BD，CD 这些组合各出现一次。

这样一来，欧拉就把七桥问题化成了如下这个数学问题：怎样能用四个字母 A，B，C，D 排成八个字母的串，使得刚才提到的各种组合在其中出现所需要的次数？

然而，欧拉并没有马上就动手去寻求这样的字母排法，而是又向自己提出"在寻找排法之前我们即使考虑一下在理论上它是不是可能存在，也是好的。因为若是能够证明这样的排法其实是不可能的，那么我们去求它就等于白费力气。"于是欧拉的下一个目标就是："去寻求一个法则，对于上述问题或所有类似的问题，用这个法则能简易地判断所要求的字母排法是不是行得通。"

§8.3 分情况讨论解决问题

为了寻求这样的法则，欧拉取出一个地区 A 来进行分析，设有任意多座桥通到 A，譬如 a，b，c，d 等（如图 8.2）。

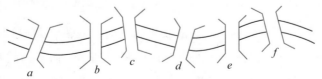

图 8.2

　　欧拉先只考虑桥 a，如果步行者过这座桥，他必定过桥前在 A 或者过桥后到 A，所以按上述的记录方法，字母 A 一定出现一次。如果有三座桥 a，b，c 通到 A，而步行者三座桥都走过一次，那么不管他是不是从 A 出发，字母 A 将在他的路线的表示式里出现两次。如果有五座桥通到 A，在走过所有这些桥的表示式里字母 A 将出现三次。如果桥的个数是奇数，加上一再取其半，所得的商恰好代表字母 A 在路线的表示式中出现的次数。

　　现在让我们回到哥尼斯堡问题（如图 8.1），因为有 5 座桥 a，b，c，d，e 通往岛 A，所以在那路线的表示式里，字母 A 必须出现 3 次；因为有 3 座桥通往岛 B，所以字母 B 必须出现两次；类似地，D 与 C 必须各出现两次。那就是说，在代表过七座桥的路线的那 8 个字母的串里，必须有 3 个 A，各两个 B，C，D；但是对于只有 8 个字母的串来说，这当然是不可能的。这就得出，按所要求的方式走遍哥尼斯堡的 7 座桥是不能实现的。

　　用这种方法我们总能判断，当通到各地区的桥数都是奇数时，能否在一次散步里走过每座桥恰好一次。如果桥数加 1 等于各字母应出现次数的和，这样的路线就存在。另一方面，如果这和数大于桥数加 1，像在我们的例子里那样，那么所希望的路线就作不出来。欧拉特别指出，他所提出的从通 A 的桥数来定出字母 A 出现次数的规则，是与这些桥通往同一地区或通往几个地区无关的，因为这里只考虑地区 A，只想定出 A 出现的次数。

　　欧拉指出，当通到 A 的桥数是偶数时，我们必须考虑这路线是不是从 A 开始。例如，如果有两座桥通到 A，而且路线从 A 开始，那么字母 A 要出现两次，一次表示从 A 出发过一座桥，第二次表示从另一座桥回到 A。然而如果步行者从另一地区开始他的行程，字母 A 将只出现一次，因为按欧拉的记法，A 的这次出现既能表示进入 A，又能表示离开 A。

假定有 4 座桥通到 A，而且路线从 A 开始，那么字母 A 在整个路线的表示式里将出现 3 次；如果路线从别处开始，A 只出现两次。对于有 6 座桥的 A，当 A 是起点时，字母 A 出现 4 次，否则只有 3 次。一般地说，如果桥数是偶数，那么字母 A 出现的次数，当起点不在 A 时，等于桥数的一半，当起点在 A 时，等于一半加 1。

当然，每条路线必定从某个地区开始，因此根据通到各地区的桥数，欧拉按下面的办法来定出各相应的字母在整个路线的表示式里出现的次数：当桥数是奇数，加上 1 再除以 2；当桥数是偶数，就用它除以 2。这时如果所得各数的和等于实有桥数加 1，符合要求的散步是可以实现的，不过必须从通奇数座桥的地区出发。如果这和数比桥数加 1 少 1，这散步也可以实现，只要它的出发点是通偶数座桥的地区，因为这时那和数又该加 1。

§8.4　将判别法则程序化

为判断对于任意给定的河—桥系统里是不是可能走过每座桥恰好一次，欧拉把上述讨论的结果总结归纳为一个可操作的程序：

(1)先把被水隔开的各地区用字母 A，B，C 等代表。

(2)取桥的总数，加上 1，写在表格的顶端。

(3)表的第一列列出字母 A，B，C 等，第二列写下通往各该地区的桥数。

(4)在对应着偶数的字母上打星号。

(5)把第二列里各偶数的一半，及各奇数加 1 的一半，写在第三列。

（6）把第三列各数加起来，如果这和数比顶上的数少 1 或相等，则可断定所要求的路线是做得出的；当和数比顶上的数少 1 时，路线必须从带星号的地区出发，而在另一情形，当这两数相等时，必须从没有星号的地区出发。

欧拉把上述程序应用到哥尼斯堡问题，得出表 8.1。

表 8.1

地区	桥数(7)	7+1=8
A	5	3
B	3	2
C	3	2
D	3	2
		9

最后一列加起来超过 8，所以所希望的路线是作不出的。

接着欧拉又举了一个 4 条河两个岛的例子，如图 8.3，15 座桥标以 a，b，c，d 等，跨在各河上。问能不能安排一条路线，通过所有的桥恰好一次。

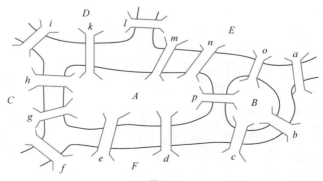

图 8.3

欧拉应用他上面得到的程序操作如下（见表 8.2）：

(1)先把被水隔开的各地区用字母 A，B，C，D，E，F 标出，一共 6 个。

(2)把桥数(15)，加 1，得 16，写在顶上。

(3)把字母 A，B，C 等写成一列，在旁边一列里写出通往该地区的桥的个数，例如，A 是 8，B 是 4，等。

(4)对应于偶数的字母标上星号。

(5)在第三列里写下各偶数的一半及各奇数加 1 的一半。

(6)最后把第三列的数加起来，得到和数 16。这与顶上的数 16 相同，所以这路线是能实现的；只要它从地区 D 或 E 开始，这两个字母没有星号(见表 8.2)。下面的式子代表一条满足要求的路线：

$$EaFbBcFdAeFfCgAhCiDkAmEnApBoElD$$

这里欧拉用夹在两个大写字母之间的一个小写字母表示过的是哪座桥。

表 8.2

地区	桥数(15)	16
$A*$	8	4
$B*$	4	2
$C*$	4	2
D	3	2
E	5	3
$F*$	6	3
		16

§8.5　寻求最简法则

欧拉指出即使对相当复杂的情形，用上面的方法也总能简易地判断顺次走过每座桥是不是的确可能。然而，欧拉并不满足于得到上述程序，他说："我现在还想指出另一种更简单得多的方法，它很容易从上面的方法引申出来。"

欧拉指出：首先，通往各地区的桥数，即表格里第二列的各数，加起来必定是实有桥数的两倍。这是因为，在计算通往各地区的桥的总数时，每座桥被数了两次，一头一次。从这一事实推出，表中第二列各数的和一定是偶数，因为它的一半等于实有桥数。所以这些数目（它们代表与各地区相连的桥数）里不会恰有一个奇数，也不可能有三个或五个奇数。换句话说如果这些数里有奇数，奇数的个数一定是偶数。譬如，在哥尼斯堡问题里，字母 A，B，C，D 所对应的 4 个数全是奇数，而在刚才的例子里只有两个数是奇数，即 D，E 所对应的那两个。

由于 A，B，C 等所对应的数字的和是桥数的两倍，如果这和数加 2 再除以 2 显然将得出写在顶上的数。当第二列的数全是偶数时，第三列里各数的一半，这列的总和将比顶上的数少 1。这时总可以走遍所有的桥。因为不管路线从什么地方开始，这地方一定与偶数座桥相连，符合我们对起点的限制。譬如说，在哥尼斯堡问题里，我们可以安排成每座桥走过两次，这等于说把每座桥分成两座，这时通过每个地区的桥都成了偶数座。

进一步，当第二列的数里，只有两个奇数而其余都是偶数时，所求的路线是可能的，但需从通奇数座桥的地方出发，按我们的程序取各偶数的一半与各奇数加 1 的一半，这些一半的和就将比桥数多 1，所以等于顶上的数。

类似地，当第二列里，有 4 个（或 6 个、8 个等）奇数时，显然第三列里的和将比顶上的数多 1（或多 2、多 3 等），所以所求的路线是不可能的。

　　于是，欧拉得到下面这个对于任意的河—桥图，判断能否把所有的桥走一次的最简单的法则：

　　如果通奇数座桥的地方不止两个，满足要求的路线是找不到的。

　　然而如果只有两个地方通奇数座桥，可以从这两个地方之一出发，找出所要求的路线。

　　最后，如果没有一个地方通奇数座桥，那么无论从哪里出发，所要求的路线总能实现。

　　这些法则完全解答了欧拉最初提出的问题。

§8.6　具体画出路线

　　最后，在断定符合要求的路线的确存在以后，欧拉还具体给出了一条这样的路线的画法：先在心里把连接同一对地区的任意两座桥抹去，这样可以使桥的数目大大地缩小。然后在剩下的桥上描出所要求的路线。在找到这样的路线以后，再把原先抹掉不看的桥补上，在已画出的路线的基础上，再在所补的每一对桥上添加一来一回的路线。

　　　　　＊　　　　　＊　　　　　＊　　　　　＊

　　叙述完数学大师欧拉解决七桥问题的全过程，让我们再来简要回顾一下欧拉解决七桥问题的要点，看看从中能学到些什么。

　　1. 摆在欧拉面前的是一个具体问题——哥尼斯堡的七座桥能否一次走遍？但欧拉向自己提出的却是关于"有任意座桥的任意一个河道图，要判断能否每座桥恰好走过一次"的这个很一般的问题。可见欧拉不是以找出解决某个具体问题的具体答案为目的，而是要找出解决这类问题的一般规律。

2. 将实际问题进行科学的抽象，并设法把实际问题变成某种数学问题。欧拉用大写字母 A，B，C，D，… 表示被河道分隔开的各块陆地，用字母对 AB 表示从 A 地过桥到 B 地，用三个字母的字母串 ABC 表示过两座桥，先从 A 地过桥到 B 地，再从 B 地过桥到 C 地，等等。于是就把"能否将各桥恰好都走一遍"这个实际问题，变为"判断在一个字母串中，各个字母出现所要求的次数是否可能"这个数学问题。这一步通常称为"数学化或建立数学模型"，是用数学方法解决实际问题的关键一步。也是研究者发挥创造性的大舞台。

3. 在分析和解决问题时，欧拉从最简单的情形着手（欧拉首先考察一个字母出现的次数与通往该地的桥的数量之间的关系），并分情况进行讨论（分通奇数座桥和通偶数座桥，以及是不是从这一点出发，分别进行考察），最终解决了复杂的一般问题。总结出判断是否存在所要求路线的一般法则，并将其归纳为一套便于操作的程序。

4. 追求解决问题的最简化。将结论进一步简化，得到一个既非常简单又非常实用的判别法则（即一笔画定理）只要简单地数一数通奇数座桥的地方的个数，就能判断出符合要求的路线是否存在。最后还给出实际画出所求路线的一般方法。

欧拉完全彻底且极其漂亮地解决了他自己提出的一般的河桥问题。从这个过程中，我们清楚地看到了欧拉所表现出的非凡的创造性，并从中领悟到什么是创造性的科学研究工作。学学欧拉，他是我们大家的老师。

§9. 一笔画及它的一个应用

——邮递员路线问题

上一章我们介绍了欧拉是如何解决"七桥问题"的。对于七桥问题——被两条河分隔开的四块陆地间有七座桥相连（如图 9.1），问能否在一次散步中，走遍七座桥各一次？欧拉用字母表示陆地，用字母对表示过桥，用字母串表示散步路线，把七桥问题抽象、转化为关于一个字母串按某种要求排列是否可能的问题。经过研究，欧拉对一般的河—桥图，圆满地解决了判别每座桥各走一次的散步路线是否存在的问题。

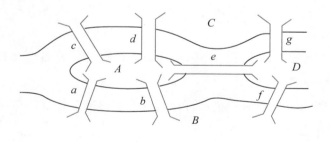

图 **9.1**

我们换一个思路来看七桥问题。我们用点表示陆地，用两点间的连线段（弧）表示桥，从而把七桥问题抽象、转化为关于一个网络图形（如图 9.2）能否一笔画成的问题——所谓能一笔画，就是指从某一个顶点出发，一条弧紧接着另一条弧地把所有的弧都画出来，且每条弧只

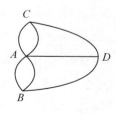

图 **9.2**

画一次，经过每个顶点的次数不限。

　　我们来看几个例子，如图 9.3（a）（b）皆能一笔画，图 9.3（a₁）（b₁）分别给出了它们的一种具体画法，为了能看清画法的笔迹，在第二次经过一个点时，故意拉开了一点距离。图 9.3（a₁）的起点和终点都在 A 处；图 9.3（b₁）的起点在 A 处，终点在 B 处。图 9.3（c）不能一笔画，因为它分成了互相分离的三块，不连通。

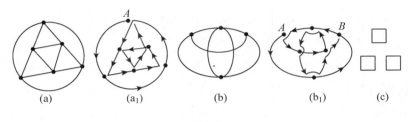

图 9.3

　　现在我们来探究任意一个网络图形能够一笔画的充分必要条件。

　　我们先来分析一个网络图形能够一笔画必须具备的条件，也就是必要条件。

　　从图 9.3（c）不能一笔画可得，一个网络图形能够一笔画首先必须是连通的。

　　再来分析一个连通的网络能够一笔画还必须具备的其他条件。首先考虑一笔画的起点和终点，其他点称为中途点。设 A 为起点，则必须沿着以 A 为端点的一条弧离开 A。当 A 是好几条弧的公共端点时，由于画图时每条弧都必须经过一次，因此，某个时候一定还会从另一条弧进入 A，随后又要沿第三条弧离开 A（如图 9.3（b₁））。就这样，最初是离开，然后是进入、离开、再进入再离开……直至画完所有以 A 为端点的弧。如果 A 不是终点，则相会

在 A 点的弧必须是 1 条或 3 条或 5 条或……总之必须是奇数条。对于终点 B，进入和离开的情形正好和起点相反。进入、离开、再进入再离开……最后终止于进入。所以要画完所有以 B 为端点的弧，且每条弧都只经过一次，相会在 B 点的弧也必须是奇数条（如图 9.3(b_1)）。若起点 A 同时又是终点，则始于离开，终止于进入，所以相会在 A 点的弧必须是偶数条（如图 9.3(a_1)）。至于中途点，在画的过程中，都是进入、离开、再进入再离开，进与出总是成对出现的，所以相会在中途点的弧都必须是偶数条。

我们在 §2 曾经把相会于一个顶点的弧的条数称为该点的指数。为了叙述简便，我们把指数是奇数的顶点叫作奇顶点，把指数是偶数的顶点叫作偶顶点。于是我们得到，一个网络能一笔画，必须是连通的，且没有奇顶点，或者只有两个奇顶点（或者说奇顶点的个数是 0 或 2）。这就是一个网络能够一笔画的必要条件。

若用这个条件考察图 9.2，点 A 的指数为 5，B，C，D 三点的指数皆为 3，即有 4 个奇顶点，不满足一笔画的必要条件，所以不能一笔画。也就是走遍哥尼斯堡的七座桥且每桥只走一次的散步路线是不存在的。

注意　到现在为止，我们只证明了连通性和奇顶点的个数是 0 或 2 是一个网络能够一笔画的必要条件，即能一笔画必须具备的条件，若这个条件不满足就不能一笔画。因此只能用它来判断哪些网络是不能一笔画的。反过来，若一个网络是连通的，且奇顶点的个数是 0 或 2，那它一定能一笔画吗？即上述条件也是充分的吗？例如上述图 9.3(a) 和 9.3(b)，它们是连通的，且图 9.3(a) 的奇顶点的个数是 0，图 9.3(b) 的奇顶点的个数是 2，因为已将它们一笔画出了，所以它们都能一笔画。但这不是一般证明。因为奇顶点的个数是 0 或 2 的连通网络，何止千千万万个，无穷无尽，你不可能将它们一一画出。因此，要说上述条件对于一笔画也是充分的，必须给出一般证明。

下面我们给出一个证明的思路：从适当的一条弧开始，一条弧接连着一条弧地把弧拿走，每拿走一条以后使剩下的网络仍然是连通的，且奇顶点的个数仍然是 0 或 2，直至最后剩下一条弧，于是能一笔画就被证明了。至于具体的推导过程这里略去，有兴趣的读者朋友可以参看苏步青著《拓扑学初步》（复旦大学出版社，1986 年版）pp.38-40，或王敬赓编著《直观拓扑》（北京师范大学出版社，2010 年第 3 版）pp.59-61。

至此我们得到：一个连通网络能一笔画的充分必要条件为它的奇顶点的个数为 0 或 2。——这就是一笔画定理。

（当奇顶点的个数为 2 时，一笔画必须从一个奇顶点开始，最后到另一个奇顶点结束。当没有奇顶点时，可以从任何一个顶点开始，最后还回到这个顶点。）

上述结果和欧拉用分析字母串的方法得到的简单法则，完全一致，因此我们也把欧拉得到的简单法则说成是一笔画定理。

一笔画定理彻底而漂亮地解决了一笔画问题。说它彻底是因为它给出的判别条件既充分而且必要，对任何一个连通网络能不能一笔画，都可给出确定的回答。说它漂亮是指这个判别条件用起来太简单、太方便了，只要数一数这个网络中奇顶点的个数就解决了。如图 9.4，这个看似复杂的"人头像"能不能一笔画？只需标出图中的各个顶点，数一数从各个顶点出发的弧的条数：$A(6)$，$B(5)$，$C(6)$，$D(2)$，$E(3)$，

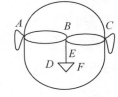

图 **9.4**

$F(2)$，只有 B 和 E 是奇顶点，所以可以一笔画。具体画时，必须从 B 或 E 开始。

一个相关的问题是，一个连通的网络若不能一笔画出，那么最少需要几笔才能画出呢？

首先注意到，在任意一个网络中，奇顶点的个数一定是偶数。这是因为，一个网络中，所有顶点的指数之和（即相会于各个顶点处弧的条数的总和）是总弧数的两倍（因为每条弧都有两个端点，因此每条弧都被计算了两次）一定是偶数。又因为所有偶顶点的指数之和是偶数，所以所有奇顶点的指数之和亦为偶数。这时，如果奇顶点的个数是奇数，则由奇数个奇数之和仍是奇数，得所有奇顶点的指数之和亦为奇数，与之矛盾了，所以奇顶点的个数必为偶数。所以一个连通网络的奇顶点的个数，或为 0，或为 2，或为 4，或为 6，等等，必为偶数。

当一个连通网络的奇顶点的个数为 0 或 2 时，可以一笔画。当一个连通网络的奇顶点的个数为 4 时，只需用一条原图中没有的弧，将其中两个奇顶点连接起来，则所得新网络就只有两个奇顶点了，于是可以一笔画出，这时从图中删去新添的那条弧，又回到原网络了，一笔就分成两笔了。因此，当一个连通网络的奇顶点的个数为 4 时，最少需要 2 笔才能画出。同样的方法可得，当一个连通网络的奇顶点的个数为 6 时，需要添加两条弧，使其可以一笔画出，再从图中删去新添的那两条弧，一笔就分成三笔了。因此，当一个连通网络的奇顶点的个数为 6 时，最少需要 3 笔才能画出。一般地，当奇顶点的个数为 $2n$ 时，最少需要 n 笔才能画出。

现在介绍一笔画的一个应用——邮递员路线问题。

一个邮递员，每次送信都是从邮局出发，走遍他的投递区域

内的所有道路，送完信再回到邮局。如何为邮递员设计一条最短
路线，这就是"邮递员路线问题"。

　　若邮递员小张投递区域的街道分布如图 9.5 所示。图中★为
邮局所在地，每条路段的长度用数字标出（单位：km）。

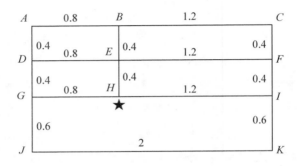

图 **9.5**

　　小张习惯的投递路线是 *HGJKIFCBADABEFIHEDGH*，如
图 9.6，路线长度为 14 km。这是最短路线吗？如果不是，请为他
设计一条最短路线，并说明比小张原来的路线，缩短了多少千米。

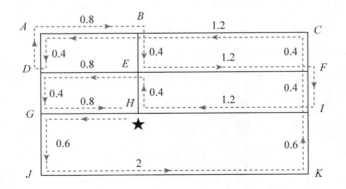

图 **9.6**

　　首先，如果每条路段都只走了一次，那当然是最短路线了，这种情形只有当路线图能以邮局为起止点一笔画出时，也就是图中所有顶点皆为偶顶点时才能做到。图9.5中奇顶点的个数是6，不可能一笔画，因此不存在每个路段都只走一次的最短路线了。

　　既然不存在每个路段都只走一次的最短路线，那么我们就退而求其次，对原图形添加一些弧段，使其能一笔画。当然添加的弧段只能是重复原有的路段，而不能增加原图上没有的路段。若能使添加的弧段的总长度最短，则可得一条最短路线。显然，在两个奇顶点之间可直接添加一条弧，而在偶顶点处，若要加弧则必须同时加两条弧。总之，要使添加弧段以后，所得新图形中所有顶点都变成偶顶点，这样，新图（原图连同新加的弧段）能一笔画。

　　我们可以证明如下最优解定理：

　　若添加的弧段满足以下两条要求：

　　(1)不出现重叠的添加弧，即不能在原有的同一条路段上同时再添加两条弧段；

　　(2)在原图的每一个道路圈上添加弧的总长度不能超过圈长的一半，

　　则所得的一笔画路线即为一条最短路线，反过来也成立，即一条最短路线一定满足上述条件(1)和(2)。

　　如图9.7，在 AB，AD，GH，FI 路段上添加新弧段，使原来的奇顶点 B，D，F，G，H，I 都变成偶顶点了。对照条件(2)可知，所添加的弧段总长不是最短，因为在道路圈 $ABEHGDA$ 中添加弧的总长(2 km)，超过了圈长(3.2 km)的一半，所以必须调整。

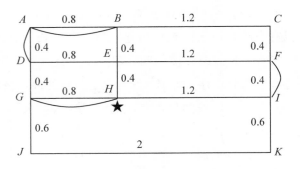

图 **9.7**

　　在上述圈中，将添加的弧 AB，AD，GH 去掉，在圈中原来没有添加弧的路段 DG，BE，EH 上添加弧段，如图 9.8，这样，上述圈中添加弧的总长（1.2 km），就不超过圈长（3.2 km）的一半了，且图中各顶点的奇偶性相对于图 9.7 没有改变，即全是偶顶点。这样，对于图 9.8，条件（1）和（2）都满足了，因此得一条最短路线（见图 9.9 中带箭头的虚路线）：

　　$HGJKIFCBADGDEBEFIHEH$。

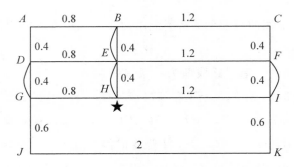

图 **9.8**

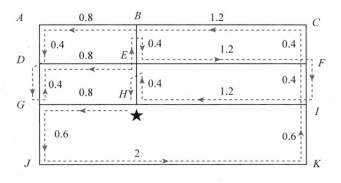

图 **9.9**

图 9.8 一笔画的路线可能不止一种，但总长度是相同的。其总长度为 13.2 km，比邮递员小张习惯的路线缩短 0.8 km。

上述最优解定理就是邮递员路线问题的解答，又称"图上作业法"。现在将求解过程总结如下：

(1)画出投递区域的街道图；

(2)找出所有的奇顶点；

(3)在奇顶点间的道路上，和以奇顶点为端点的道路上添加新弧段，使得图中不出现奇顶点；

(4)检查并去掉重叠的添加弧，使之满足条件(1)；

(5)按条件(2)的要求调整添加弧；

(6)一笔画出具有添加弧的满足条件(1)和(2)的图形，即得一最短邮递路线。

例　某邮递员投递区域的街道图如图 9.10，投递路线的起点和终点为图上的 E 处，图上数字表示各路段的长度（单位：km）。请为邮递员设计一条最短投递路线，并求出最短投递路线的长度。

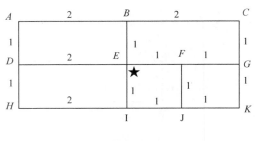

图 **9.10**

解   图 9.10 中的奇顶点有 6 个：B，D，F，G，I，J。为消除奇顶点，添加条弧段如图 9.11。

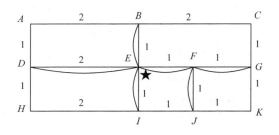

图 **9.11**

考察图 9.11 中的道路圈 $EFJI$，发现添加的弧段总长（3 km）超过圈长（4 km）的一半，因此需要调整，去掉弧 EF，EI 和 FJ，改添弧 IJ，如图 9.12。

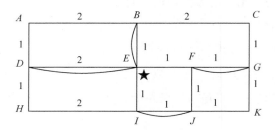

图 **9.12**

图 9.12 满足条件(1)和(2)，因此图 9.12 的一笔画的路线(见图 9.13 中带箭头的虚路线)就是所求最短投递路线：

$$EDHIJKGCBADEBEFGFJIE。$$

并且最短长度为 24 km。

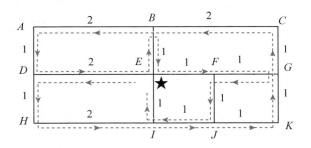

图 **9.13**

习题 6

1. 哥尼斯堡后来又建了两座桥，其中一座是铁路桥，如图 9.14。如果不算铁路桥，问其他八座桥，每桥都只走一次的散布路线是否存在？若存在，画出一条来。

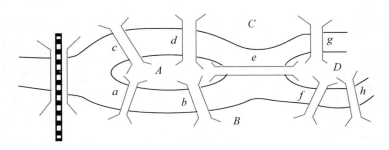

图 **9.14**

2. 检验下列各图像（如图 9.15(a)～(f)）能否一笔画出？若不能一笔画出，至少要几笔才能画出？

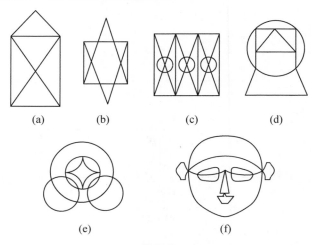

图 **9.15**

3. 能否找到一条折线，它和图 9.16 的 16 条线段中的每条线段都只交一次（不能在端点相交）？

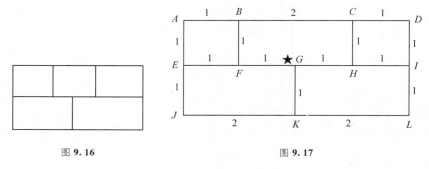

图 **9.16**　　　　　　　　　图 **9.17**

4. 某街道图如图 9.17，各路段的长度标在图上（单位：km）。邮递员从 G 处出发，再回到 G 处。请为其设计一条最短投递路线，并求出最短投递路线的长度。

§10. 约当曲线定理
——曲线内部和外部

  平面上的一个圆把平面上的其余部分分成两部分：圆内部分和圆外部分。这个性质也可说成：平面上不属于圆上的任一点，一定或者属于圆内部分或者属于圆外部分，二者必居其一。椭圆，三角形和四边形也都具有这个性质——把平面上的其余部分分成两部分：内部和外部。平面上什么样的曲线具有这个性质呢？数学上又如何来描述这个性质呢？

  平面上自身不相交的封闭曲线称为简单闭曲线，或者说同胚于圆周的曲线是简单闭曲线。上述圆和椭圆、三角形和四边形的周线是简单闭曲线的最简单的例子。上述性质的数学描述为：平面上的一条简单闭曲线 c 恰好把平面分成两个区域，内部和外部。具体地说就是，平面上的一条简单闭曲线 c，把平面上不属于 c 的点分成两类，使得同一类中的任一对点，都能用一条不与 c 相交的曲线相连，而连接任一对不属于同一类的两个点的任意曲线必和 c 相交。这两类点，分别组成由曲线 c 决定的两个区域，其中无界的那个区域称为外部，有界的那个区域称为内部。这个命题，对于圆和椭圆、三角形和四边形曲线，显然是对的。但对于如图 10.1 (a)(b)(c)中所示的那些虽然形状复杂或盘绕曲折、但都是简单闭曲线的曲线，它们把平面分成两个区域（内部和外部）就不那么明显了。各图中的点 P 和点 Q 是属于曲线的内部还是外部，就不能一眼看出了。

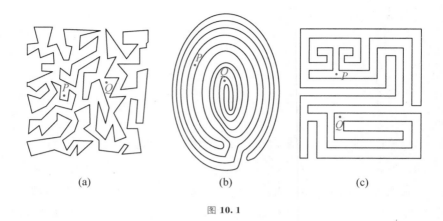

(a)　　　　　　　(b)　　　　　　　(c)

图 **10. 1**

上述命题作为一个需要加以证明的定理，是约当（C. Jordan，1838—1922，法国数学家）在他的著作《分析教程》中首先叙述的，故称为约当曲线定理。约当本人给出的证明，又长又复杂，而且后来还发现他的证明中有缺陷，而且为了弥补他的推理中的漏洞，必须做出相当大的努力。约当曲线定理的第一个严密的证明是维布伦（Veblen，1880—1960）做出的，但证明相当复杂，很难理解。

本书不介绍约当曲线定理的一般证明，只针对多边形的情形，给出定理的一个直观的证明。

约当曲线定理　任一简单闭曲线 c 把平面上不属于 c 的点集分成两个不同的区域（内部和外部），它们以 c 为公共边界。

这里，我们只对 c 是封闭的多边形曲线 p 的情形证明如下①：

我们证明平面上不属于 p 的点可分成 A 和 B 两类，使得同一类中的任意两点，都能用不与 p 相交的折线相连，而连接任一对不

---

①　柯朗，罗宾．数学是什么．左平，张贻慈，译．北京：科学出版社，1985：341-344.

属于同一类的两个点的任意折线必定和 p 相交。A 的点组成多边形的"外部"，而 B 的点组成多边形的"内部"。

为此，我们先在平面上取定一个固定方向，它和多边形 p 的每一边都不平行。由于多边形 p 只有有限个边，所以这样的方向总能取到。我们如下定义 A 类和 B 类：

如果过 X 点平行于选定方向的射线和 p 有偶数（包括零）个交点，则 X 属于 A 类；如果过 X 点平行于选定方向的射线和 p 有奇数个交点，则 X 属于 B 类。

当射线与 p 交于 p 的顶点时，若顶点处 p 的两个边位于射线的同侧，这样的顶点不算作交点（以后称这样的顶点为假交点顶点）；若顶点处 p 的两个边位于射线的两侧，这样的顶点算作一个交点（以后称这样的顶点为真交点顶点）。如图 10.2，过 X 点的射线和 p 有 1 个交点（顶点 M 不算交点），过 Y 点的射线和 p 有 5 个交点（顶点 N 算交点），故点 X 和 Y 同属于 B 类。为说话方便起见，我们把过一点平行于容许方向的射线与多边形曲线交点个数的奇偶性，简称为该点的奇偶性，于是，奇偶性相同的点属于同一类，或说属于同一类的两个点有相同的"奇偶性"，图 10.2 中点 X 和 Y 有相同的奇偶性，它们属于同一类。

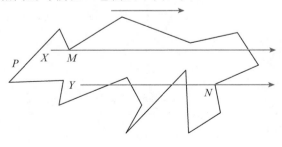

图 10.2

说明　由于有了以上关于真交点顶点和假交点顶点的规定，从一点出发的诸射线，从一条变到另一条的过程中，只有经过假交点顶点时，交点的个数才会发生变化，而且是同时增加两个交点，或者是同时减少两个交点，因此不改变交点个数的奇偶性。因此一点属于 A 类还是 B 类，与容许方向的选择无关。从而保证了上述关于 A 类和 B 类的定义是合理的。

我们先证明连接 A 的任一点和 B 的任一点的任一折线必定和 p 相交。我们只需证明它的逆否命题成立，即与 p 不相交的任一折线上的所有点都是同一类的。注意到任意一个与 p 没有交点的直线段，它上面的所有点都有相同的"奇偶性"。如图 10.3，直线段 l 与 p 不相交，计算过 l 上各点与选定方向平行的射线与 p 交点的个数，我们发现，只有当这些平行射线经过 p 的顶点时交点的个数才可能发生变化。当直线 l 上的点由下向上运动时，相应的这组平行射线与 p 的交点的个数由 8 个（经过假交点 V 时）变成 6 个，（经过真交点 Q 时交点个数不变，仍是 6 个）（经过假交点 U 后）变成 4 个，（经过假交点 W 后）又变成 6 个。可见虽然交点的个数变化了，但最多只是增加两个交点或减少两个交点（或它们的倍数），不会由奇数变成偶数，也不会由偶数变成奇数。因此 l 上的点的奇偶性没有变化。由此可知不与 p 相交的任一折线上的所有点，都有相同的奇偶性。

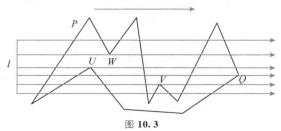

图 10.3

现在我们再来证明同一类(A 或 B)中的任意两点，能用一条与 p 不相交的折线连接起来。设 X，Y 是同一类中的两点。若连接 X，Y 的直线段 XY 与 p 不交，则它就是所要求的折线。下面讨论直线段 XY 与 p 相交的情形。

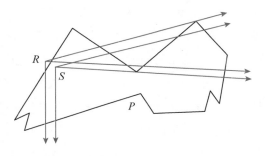

图 **10.4**

首先，我们注意到，两个彼此接近，然而位于 p 的某个边两侧的点 R 和 S，必有不同的奇偶性，即不属于同一类，这是由于过点 R 平行于定方向的射线与 p 的交点的个数，比过点 S 平行于定方向的射线与 p 的交点的个数，少奇数个或多奇数个的缘故（并不总是相差 1 个，见图 10.4）。

若直线段 XY 与 p 相交，设 X' 是它与 p 的第一个交点，和它相交的第一个边是 b_1，Y' 是它与 p 的最后一个交点，和它相交的最后一个边是 b_n。若 X' 与 Y' 是同一个点，则应是 p 的两个边 b_1 和 b_n 的公共点，即 p 的一个顶点，而这时这个顶点只能是假交点顶点（否则，若这个顶点是真交点顶点，那么 Y' 就不是线段 XY 与 p 的最后一个交点了）。这时在 $b_1 b_n$ 夹角的平分线（位于多边形外部分）上取一点 A，则折线 XAY 即为所求与多边形不相交的折线了。若 X' 与 Y' 不是同一个点，则在线段 XX' 上充分靠近 X' 的地方取一点

X''，即使得$|X''X'|$充分小，如图 10.5，作一条折线以 X 为起点，沿着线段 XY 行进到 X''，转而沿着平行于 p 的第一个边 b_1 的方向走到与第一个边 b_1 和第二个边 b_2 交角的平分线相遇，再转而沿着 b_2 的方向走。如此继续沿着 p 的边的方向往前走，直到所做的这条折线上平行于边 b_n 的线段与 XY 相交。若能证明交点必在 Y' 与 Y 之间的 Y''，而不是在 Y' 与 X' 之间的 Y'''。再将折线从 Y'' 沿着 $Y''Y$ 延续到 Y，则这条折线就是我们所要找的连接 X 与 Y 而与 p 不相交的折线了。假定所作折线上平行于边 b_n 的线段与 XY 的交点为 X' 与 Y' 之间的 Y'''。由于 Y''' 与 Y'' 是分在边 b_n 的两侧的邻近两点，由前面的讨论知 Y''' 与 Y'' 的奇偶性相反。而 $Y''Y$ 与 p 不相交，所以 Y'' 与 Y 的奇偶性相同。于是 Y''' 与 Y 的奇偶性相反。但另一方面由折线的做法，折线的第一段 XX'' 与 p 不交，其他每一段都分别与 p 的一边平行且不穿过 p。因此在每一段上的点都有相同的奇偶性，都属于同一类。于是 X 与 X'' 直至与 Y''' 都有相同的奇偶性。再由题设 X 与 Y 是同一类的，所以 X 与 Y 的奇偶性相同，因而 Y''' 应与 Y 的奇偶性相同，矛盾了。所以折线上平行于 b_n 的一段应该与 XY 交于 Y''。

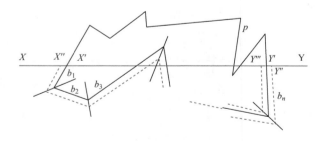

图 10.5

这样就对多边形曲线 p 证明了约当曲线定理：一条简单闭折

线把平面分成两个区域，A 类和 B 类。剩下要做的是恰当地把一个区域叫作"外部"，另一个区域叫作"内部"。如果我们沿着证明中选定的方向的任一射线向前进，总会到达这样一点，从这个点再往前，射线与 p 再也没有交点了。从而所有这样的点对应的"交点数"是 0，属于偶数，因此这样的点属于 A 类。于是我们把闭折线 p 的"外部"与 A 类等同起来，剩下的"内部"就与 B 类等同了。

约当曲线定理在球面上也成立，即球面上的一条简单闭曲线，把球面分成两个区域，使得连接不同区域的任意两点的曲线段必与该简单闭曲线相交，而对于同一区域内的任意两点，必可用一条不与该简单闭曲线相交的曲线段相连。

直观地看，在球面上画一条简单闭曲线，沿着它剪一周，必可将球面分成互相分离的两块，这两块均以该简单闭曲线为其边界。

需要注意的是，和平面上的约当曲线定理的情形不同，球面被其上的简单闭曲线分成的互相分离的两个区域，没有实质性的区别，这两个区域都是有界的。

下面我们介绍一个有趣的曲面——环面，看看约当曲线定理在环面上成立不成立。

设想有一张弹性极好的矩形橡皮薄膜，依照如图 10.6 所示的程序，分别将其对边按方向相同黏合在一起，所得曲面叫作环面。上述方法是拓扑学中生成环面的直观的方法。

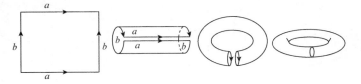

图 **10.6**

　　在几何中生成环面的方法是，将一个圆绕着与它在同一平面内、但与它不相交的直线，旋转一周所得的旋转曲面（如图 10.7）。动圆在旋转过程中的任一位置，称为环面的一条经线，动圆上任一点旋转一周所生成的圆，称为环面的一条纬线。用拓扑方法生成环面时，图 10.6 中由与矩形之 b 边平行的线段黏合后得到的封闭曲线，相当于环面的经线，由与矩形之 a 边平行的线段黏合后得到的封闭曲线，相当于环面的纬线。

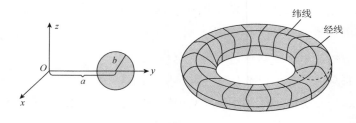

图 10.7

　　现在来考察约当曲线定理在环面上的情况。

　　首先注意到，环面上的一条简单闭曲线，可以有多种不同的情形，如图 10.8 中的曲线 c_1，c_2，c_3，它们都是环面上的简单闭曲线。

　　对于简单闭曲线 c_1，它确能把环面分成两个区域，或者说，沿着它剪一周，确能把环面分成互相分离的两块；

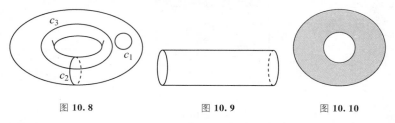

图 10.8　　　　　　图 10.9　　　　　　图 10.10

　　对于简单闭曲线 c_2，它相当于环面的一条经线，沿着它剪一周，还能把环面分成互相分离的两块吗？不能，得到的是一段同胚于圆柱面的曲面，如图 10.9；

对于简单闭曲线 c_3，它相当于环面的一条纬线，沿着它剪一周，还能把环面分成互相分离的两块吗？不能，得到的是一片同胚于平环的曲面，如图 10.10。

由此可见，并不是环面上的任意一条简单闭曲线，都能把环面分成两个区域，所以约当曲线定理在环面上不成立。

一个有趣的小故事。相传古代有一国王，他有一位非常美丽且绝顶聪明的公主。很多王公贵族都争着要与公主成亲，但公主执意不嫁。国王召集大臣们商议如何处理。最后议定：答题招亲，即由公主亲自出一道题，国王诏示天下，谁答对了，公主就嫁给谁。据说公主精通数学，她出的题目是这样的：给出一已知图形，如图 10.11，要求将图中的①与①，②与②，③与③用曲线相连，使所连诸曲线与图中原有的曲线统统不相交，能做出符合要求的图形者，即可成为驸马。

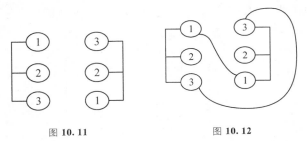

图 10.11　　　　　　　图 10.12

我们试着来解上述问题。先按要求，将图中的①与①，③与③用曲线相连，如图 10.12 所示，这时①→①→③→③→①组成一条简单闭曲线，而图中的两个②，恰好分别落在该简单闭曲线的内部和外部，因此根据约当曲线定理，连接这两个②的任何曲线段必与该简单闭曲线相交。如此看来，满足要求的解是肯定不存在的。因此聪明的公主心想，以后再不会受求婚者打扰，可以安心过自己的平静生活了。

然而，令聪明的公主没有想到的是，有一位英俊的王子，对数学更加精通，将公主出的题目中的图形，画在一个环面上，轻轻松松地解决了这个难题（留作习题），于是这位数学王子理直气壮地迎娶了公主，当之无愧地成了驸马爷，真是"书中自有颜如玉"啊！

习题 7

1. 试证明：在约当曲线定理的证明中，一个点属于 A 类还是 B 类，与容许方向的选择无关，即容许方向的改变不会改变点的奇偶性。

2. 试找出一个快速判断平面上不在简单闭曲线 c 上的任一点，是属于该曲线的内部还是外部的方法。并用这个方法判断图 10.1(a)(b)(c)中的点 P 和点 Q 是属于曲线的内部还是外部。

3. 图 10.13 中只露出一条简单闭曲线的一部分，若已知点 A 位于该简单闭曲线的内部，问点 B 位于该简单闭曲线的内部还是外部？

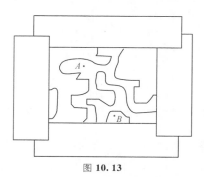

图 **10.13**

4. 在环面上解文中公主提出的问题（在环面上具体画出满足要求的图形）。

§11. 四色问题和五色定理[①]

§11.1 四色问题

本节讨论地图着色问题, 那么首先要说明, 对地图着色的要求是什么?

在给地图着色时, 为了区分各个不同的区域, 对于有一段共同边界的相邻两个区域, 我们必须使用两种不同的颜色。并将符合这个要求的着色称为正确的着色。

现在问: 要给任意一幅地图正确地着色, 最少需要多少种不同的颜色? 显然, 一般地, 只有三种颜色是不够的, 例如, 如图 11.1 所示, 一个国家和其他三个国家都接壤, 因此只用三种颜色是

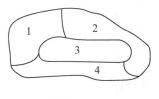

图 **11.1**

不够。那么最少需要多少种不同的颜色? 这就是四色问题的由来。

为了便于讨论, 我们需要对某些概念给出明确的规定。

在球面上, 有限条弧(曲线段)将球面分成有限个区域, 这就是一张球面地图。如果在平面上, 有限条弧(曲线段)将平面分成有限个区域, 这就是一张平面地图。不过这两种地图对于讨论着

---

① 杨忠道 . 四色问题和五色定理 . 自然杂志, 1980, 3(11): 806-810.

色问题是等价的，球面上的任何地图，都可以在平面上表示，只需把球面看成是橡皮薄膜制成的，在球面地图的一个区域 A 的内部挖一个小洞，把小洞的洞口撑大，使得这个挖了洞的球面变形成一个平面，这时所得到的平面地图是由区域 A 组成的"海"，包围着其余区域组成的"岛"。把这个过程反过来，平面地图也可以在球面上表示。

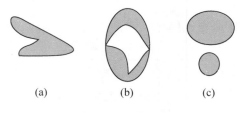

(a)   (b)   (c)

图 **11.2**

地图上的区域，要求其内部任何两点都可以用完全在其内部的一条线段相连接，也就是在其内部从一点走到另外任何一点都不必跨越边界。如图 11.2(a) 中的阴影部分是区域，图 11.2(b) 和图 11.2(c) 中的阴影部分都不是区域。

若两个区域的公共边界包含一条弧，则称这两个区域是相邻的，否则称为不相邻的。所以两个不相邻的区域或者无公共边界，或者公共边界只包含有限个点。图 11.3(a) 中的区域 A 和 B 是相邻的，图 11.3(b)(c)(d) 中的区域 A 和 B 都是不相邻的。

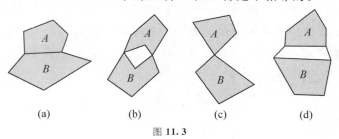

(a)   (b)   (c)   (d)

图 **11.3**

四色问题   我们能否只用四种颜色，就可给任何一幅球面地图（平面地图）正确着色？

四色问题最早是古特列（Guthric）在 1852 年提出的，他发现为了区分英国地图上的各郡，四种颜色就够了，并且提出一个猜想：对于任何地图的正确着色，四种颜色就足够了。

他的弟弟把这个猜想转告德摩尔根（De Morgan）。专论这个问题的第一篇论文是凯莱（Cayley）于 1879 年写的，他的文章中说他没有能给出证明。同年（1879 年）开姆玻（Kempe）发表一个"证明"。肯定了四色问题的猜想。但不幸的是第二年（1890 年）黑伍德（Heawood）在开姆玻的证明中发现了一个错误，所以那个肯定的答案不能成立。后来很多人设法去弥补这个漏洞，但没有一个人获得成功。黑伍德对开姆玻的证明加以修改，证明了对于任何地图的正确着色，用五种颜色总是足够的。这就是著名的五色定理。

四色问题不涉及图上区域的大小及边界（弧）的长短曲直，所以属于拓扑学研究的问题。在拓扑学高度发展的近数十年间，不知有多少人在尝试寻求四色问题的答案。1968 年奥尔（Ore）和斯坦帕尔（Stemple）证明了，对于不多于 40 个国家的任意地图，可以只用四种颜色即可正确着色。

现在四色猜想已被认为确实成立，这是应用电子计算机进行了极其大量的计算得到的。四色问题的第一个计算机解是由美国数学家阿佩尔（Appel）和哈肯（Haken）与运用计算机的专家考克（Kock）三人合作的成果。它的第 1 步是阿丕尔和哈肯依照开姆玻的思考路线，根据一些不可避免的图形，将所有可能的情形分为 2 390 多个种类。这个分类比当初开姆玻所做的细致得多，而且每一种情形都非常复杂。接下去第 2 步是对分类中的每一种情形进行分析，因为每种情形都太复杂，单靠人力是无法胜任的，只有求助于新型的电子计算机。在考克的参与合作下，最后才得到四色问题肯定的答案。他们的做法是对每一种类型，设计了探讨它们的计算机程序。只有三种情形由于计算机不能处理它们，是"单独"探讨的。对其余的每一种类型，都由计算机处理，按照编好的程序回答：会不会有这种类型的地图，它不能用四种颜色正确地着色？经过成百亿次的计算，计算机给出"否定"回答，然后转向下一种类型。如此直到对于所有各种类型都得到了"否定"回答后，他们声称自己得到了四色问题的计算机解。据他们报告，需用计算机的时间在 400 h 以上，所以用人力是根本不可能办到的。他们也曾尝试减少分类的数目。结果表明，减少一些是可能的，但减少到 1 800 个以下的机会并不大，所以这种改进很有限。

　　1978 年科恩(Cohen)得到新的计算机解。他的地图类型数确实减少了，并且他对每个类型和子类型，都用计算机进行计算，得到的结果不是以说"否"的形式，而是以假定的"手算"检验的形式。他不着重于计算机在探讨已知子类型时所进行的步骤以及要作多少次运算；当计算机得到足够短的检验步骤以断定最终的"否定"时，就认为该子类型的探讨完成了。科恩所做的四色问题的解写成一本中等篇幅的书。按他的看法，这个解的检验可望由一个人每天工作 8 h，用两三年的时间来完成。

　　然而，也有数学家对于四色问题的上述种种计算机解的正确性提出质疑。对于阿丕尔的解，他们说："对于网络的某个类型（譬如说第 17 种），计算机由于电子线路中瞬时的失误（这常会发生），未经无可非议的分析，就可以做出'否定'回答，并不知情的计算机就转到网络的第 18 种、第 19 种……类型，实际上漏掉了对第 17 种类型的探讨。甚至在我们花费了几个月的时间，重复进行同样的计算机实验时，会不会在与这个第 17 种类型有关的亿次计算环节中，计算机又发生差错？怀疑论者认为科恩的解也难以得到承认。总之他们认为由于"计算机解的基础是应用计算机进行大量的、难以置信的计算，并且核对计算的正确性实际上不可能"，因而"计算机解的正确性并无保证"。

四色问题的计算机证明包含了非常大量的计算，说不上是优美的，然而对一个数学问题的解来说，是否优美并不是不重要的。有的数学家对上述计算机证明"总觉得没有什么数学味儿"。

因此，四色问题仍然是一个需要数学家们继续进行研究的问题。

对于四色问题，数学家们也许迟早会找到一个单靠人脑就能解决的、不依赖于计算机的、足够优美和简单的证明。尽管如此，人们开始怀疑，数学可能就包含单靠人脑根本无法解决而必须依靠计算机才能解决的、很复杂的问题。有足够的理由相信存在这样的问题。从这个意义上讲，四色问题在数学上的价值，比作为一个具体学科的一个难题的价值更大，它能帮助人们弄清楚单靠人脑能解决问题的可能的限制，展示以计算机为基础的人工智能对数学发展有着不可估量的意义。

一个十分奇怪的事实是，在比平面和球面复杂的环面上，类似于平面（球面）上的四色问题的问题已经得到解决，黑伍德证明了环面上的任何地图可以只用 7 种颜色正确地着色。我们知道黏合矩形的对边，可以得到环面（如图 11.4）。

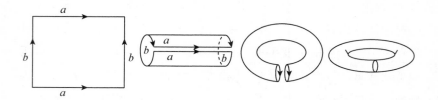

图 11.4

黑伍德先对矩形进行了如图 11.5 所示的剖分，然后再将这个矩形的对边黏合起来。在所得到的环面上，恰有七个区域，且每两个区域都是相邻的，即每个区域都与其余六个区域相邻，因此七种颜色是必不可少的。他又证明了要对环面上的任何地图正确着色，只用七种颜色就足够了。对矩形进行如图 11.6 所示的划分，然后再将这个矩形的对边黏合起来。在所得到的环面上，也恰有七个区域，且同样具有上述性质（每两个区域都是相邻的，即每个区域都与其余六个区域相邻）。黏合得到的这两个环面的图形，可以分别在巴尔佳斯基等的书《拓扑学奇趣》（裘光明译，北京大学出版社，1987 年版）（第 81 页）和苏步青的书《拓扑学初步》（复旦大学出版社，1986 年版）（第 49 页）上找到。

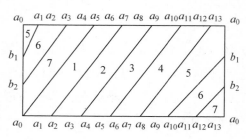

图 11.5

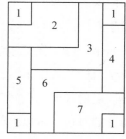

图 11.6

§11.2　五色定理

下面我们来证明五色定理。

五色定理　若平面上的网络 G，由有限条弧及其端点组成，并将平面分为有限个区域，则只用五种颜色，即可正确着色。

为了证明方便，我们先对网络 G 作如下改变。由于做的每一个改变都不影响着色的情况，因此这些改变是被允许的。

(1)去掉其两侧是同一个区域的弧。如图 11.7(a)(b)(c)中线段 PQ 就是这样的弧。我们将 PQ 从 G 中去掉，既不影响区域的个数，也不影响区域是否相邻的性质，因而不改变着色的情况。我们继续在 G 中去掉这种弧，一直到 G 中不再有这种弧。因此，我们可以假定 G 中任何一条弧的两侧不是同一个区域。

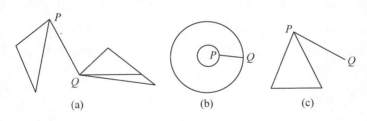

图 **11.7**

(2)若 G 是不连通的，或 G 本来是连通的，但经过(1)的改变以后，变得不连通了。这时它是由有限个连通的支网络 G_1，G_2，$\cdots$，G_r 组成，其中没有任何两个支网络有公共弧或公共顶点。如果我们对每一个支网络 G_i 都能正确着色，那么对整个网络 G 也就能正确着色了。例如，G 由图 11.8 中的两个连通的支网络

图 **11.8**

G_1 和 G_2 组成，我们分别对 G_1 和 G_2 着色，只要使无界的区域着同一种颜色，然后将两者合并，就是对整个网络 G 的正确着色了。由于这个缘故，我们可以假定 G 是连通的。

（3）将每一个是多于三条弧的公共端点的顶点，改造成几个是不多于三条弧的公共端点的顶点。如图 11.9(a) 中的顶点 P 和 Q，分别是四条弧和五条弧的公共端点。我们画一些足够小的圆，把这些点圈起来（图 11.9(a)）。把这个小圆域合并到包含该顶点的某一个区域里。这样就得到一个新的网络（图 11.9(b)），区域和原来的一样多。而 P 点和 Q 点分别变成 P_1，P_2，P_3，P_4 及 Q_1，Q_2，Q_3，Q_4，Q_5，其中除各有两个（P_1，P_4 及 Q_1，Q_5）是两条弧的公共端点外，其余皆为三条弧的公共端点。如果对这个新的网络，能只用五种颜色，即可正确着色，那么，保持各个区域所着的颜色不变，只需把小圆收缩成一点，就是对原来的网络的一个正确的着色。于是我们可以假定 G 的每一个顶点都是不多于三条弧的公共端点。另一方面，由于已经作了改变（1），因此 G 中的每一个顶点至少是两条弧的公共端点。

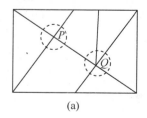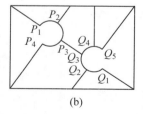

(a)　　　　　　　　　(b)

图 11.9

（4）若 G 中的两条弧 a_1 和 a_2 只有一个公共端点 P，而 P 不是第三条弧的端点，我们将 a_1 和 a_2 合并成一条弧 a，其端点就是 a_1 和 a_2 的异于 P 的端点。如图 11.10(a) 中的 P 点是弧 PQ_1 与 PQ_2 的唯一公共端点，且 P 不是其他弧的端点。于是 PQ_1 与 PQ_2 可以合并成一条弧 Q_1Q_2，即它的端点是 Q_1 和 Q_2。如此改变显然不影响区域和着色问题。注意如图 11.10(b) 中的弧 a_1 和 a_2 却不能合并，因为它们除了有公共端点 P 以外还有另一个公共端点 Q。

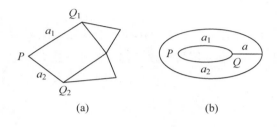

(a)　　　　　　　　(b)

图 11. 10

经过上述 (1)~(4) 的改变以后，得到 G 是一个连通网络，它的每一个顶点是两条或三条弧的公共端点。若 P 是两条弧 a_1 和 a_2 的公共端点，则由 (4) 知 a_1，a_2 还有第二个公共端点 Q，于是 a_1，a_2 形成一个简单闭曲线 c。又因为通过 Q 至多还有一条弧 a，它在简单闭曲线 c 的内部或外部，如图 11.10(b) 所示，但由于已经经过 (1) 的改变，不可能出现这种情况。

引理　设 G 为连通网络，每个顶点都是两条或三条弧的公共端点，且任何一条弧的两侧都是两个不同的区域，则至少有一个区域的边界数少于 6。

证　由于任何一条弧的两侧是不同的区域，因此，任一区域的边界是一条由有限条弧构成的简单闭曲线。我们用 F_n 表示由 n 条弧构成的区域的个数，于是本引理要证明的是，数 F_1，F_2，F_3，F_4，F_5，F_6 中至少有一个不为零。

如果 G 中存在一个顶点 P，只是两条弧的公共端点，由前面的(4)知这两条弧必定还有另一个公共端点，即这两条弧组成一条封闭曲线，于是 $F_2 \neq 0$。

如果 G 中每个顶点都是三条弧的公共端点，令区域的个数为 F，弧的条数为 E，顶点的个数为 V，于是有

$$F = F_2 + F_3 + F_4 + F_5 + F_6 + \cdots \qquad (11.1)$$

由于每条弧有两个端点，于是共有 $2E$ 个端点。又因为每个顶点都是三条弧的公共端点，即每个顶点都要被数三次，所以有

$$2E = 3V。 \qquad (11.2)$$

因为由 n 条弧构成的区域有 F_n 个，所以共有 $2F_2 + 3F_3 + 4F_4 + 5F_5 + 6F_6 + \cdots$ 条弧。但每条弧又都是两个相邻区域的公共边界，即每条弧都要被数两次，所以

$$2E = 2F_2 + 3F_3 + 4F_4 + 5F_5 + 6F_6 + \cdots \qquad (11.3)$$

因为平面地图与球面地图等价，由球面的欧拉公式

$$V - E + F = 2, \qquad (11.4)$$

得 $6V - 6E + 6F = 12$。由(11.2)得 $6V = 4E$。所以 $6F - 2E = 12$。再从(11.1)和(11.3)得

$$6(F_2 + F_3 + F_4 + F_5 + F_6 + \cdots) - (2F_2 + 3F_3 + 4F_4 + 5F_5 + 6F_6 + \cdots) = 12,$$

即

$$(6-2)F_2 + (6-3)F_3 + (6-4)F_4 + (6-5)F_5 + (6-6)F_6 + (6-7)F_7 + \cdots = 12,$$

等式右端为正，所以等式左端也必须为正。因此，F_2，F_3，F_4，F_5 这四个数中至少必须有一个不为零。∎

现在来证明五色定理，对区域的个数 F 用数学归纳法。

$F \leqslant 5$ 时，即整个地图的区域不超过 5 个，显然这时只要 5 种

颜色就能正确着色，说明这时五色定理成立。现在假设对于 $F<k$
时五色定理成立，只需证明在 $F=k$ 时五色定理也成立。

由引理得到，在这 k 个区域中一定包含一个区域，它的边界
由 2 条或 3 条或 4 条或 5 条弧构成。下面分两种情形来讨论。

情形 1 k 个区域中包含一个二边形或三边形或四边形的区域
A。将 A 和它相邻的一个区域的一条公共边界去掉，也就是将 A
和它相邻的一个区域合并，得到一个区域总数为 $k-1$ 的新网络。
图 11.11(a)(b)表示 A 是一个四边形的情形。（当 A 是四边形时，
也可能有一个相邻的区域绕过来与 A 的不相邻的两个边界接壤，
如图 11.12(a)表示区域 B 与 A 的公共边界是 A 的不相邻的两段
弧。此时，由约当曲线定理可知，与 A 的其他两边接壤的区域将
是不同的，如图 11.12(a)中的区域 C 和 D。这种情况下我们可以
去掉 A 与 C 或 A 与 D 的公共边界，也就是将 A 与 C 或 A 与 D 合
并，也得到一个区域总数为 $k-1$ 的新网络。）根据归纳假设，这个
新网络（如图 11.11(b)）可以用五种颜色正确地着色，那么原来的
网络（如图 11.11(a)）可以如下着色：图 11.11(a)中的 A_1，A_2，
A_3，A_4 分别着图 11.11(b)中 A_1，A_2，B，A_4 的颜色；图 11.11(a)
中异于 A_1，A_2，A_3，A_4，A 的所有区域，着图 11.11(b)中同名区
域上的颜色；而图 11.11(a)中的 A 着异于 A_1，A_2，A_3，A_4 的颜色，

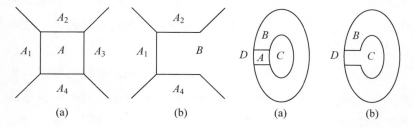

图 **11.11**   图 **11.12**

因为有 5 种颜色，所以这是可能的。这样就给原来的网络正确地着色了。

情形2 k 个区域中包含一个边界为 5 条弧构成的区域，即五边形 A。每条弧的另一边是另一个区域，记为 A_1，A_2，A_3，A_4，A_5。在这 5 个区域中，一定有两个是不相邻的。若 A_1 和 A_3 相邻（如图 11.13(a)

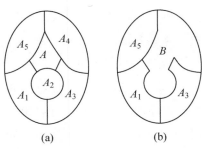

图 11.13

所示），则在 A_1，A_3，A 之中可作一条简单闭曲线 c。由约当曲线定理得 A_2 在曲线 c 内部，A_4 在曲线 c 外部，于是 A_2 和 A_4 是不相邻的。将 A 和 A_2 及 A 和 A_4 的公共边界弧去掉，使 A_2，A，A_4 合并成一个区域 B，如图 11.13(b)所示，于是得到一个区域总数为 $k-2$ 的新网络。根据归纳假定，这个新网络（图 11.13(b)）可以用 5 种颜色正确地着色，那么原来的网络（图 11.13(a)）可以如下着色：图 11.13(a)中异于 A_2，A_4，A 的所有区域，着图 11.13(b)中同名区域上的颜色；图 11.13(a)中的 A_2，A_4 上都着图 11.13(b)中 B 上的颜色（这是正确的，因为 A_2 和 A_4 不相邻）；这样在 A_1，A_2，A_3，A_4，A_5 上只用了不多于四种的颜色，于是在 A 上可着第 5 种颜色。这样就在原来的网络上，用五种颜色正确地着色了，从而完成了五色定理的证明。

最后，我们要再一次强调：在如上讨论地图着色问题时，所说的区域都只是包含一块的，即连通的，也就是不能把不连通的几块算作一个区域。如果我们把图 11.14 图中标有同一数字的五块组成一个区域，则整个平面被分成 6 个区域，且这 6 个区域中任何两个区域都是相邻的，因此必须用 6 种颜色才能正确地着色。这就是为什么在讨论着色问题前要明确规定区域是指连通区域的原因，尽管在实际的世界地图上，存在一个国家分成几块的情形。

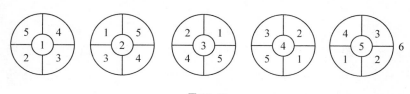

图 11.14

习题 8

1. 从两个同心圆周中的一个到另一个，作 n 条"隔挡"。问这样的地图最少用几种颜色就能正确着色？

2. 在平面上任意作一个网络，使它的所有顶点都是偶数条弧的公共端点。试证明这样的地图，只用两种颜色就能正确着色。

§12. 布劳威尔不动点定理

　　一个图形(作为点的集合)到自身的一个变换，如果有一个点在这个变换下不改变，即这个点还变成它自己，那么这个点就称为这个变换下的不动点。

　　一个变换，如果在变换过程中，把互相邻近的点仍变成互相邻近的点，则称该变换是连续的。直观地说就是在变换过程中，不把原来连在一起的图形撕破。

　　是不是所有的连续变换都有不动点呢？我们来看几个特殊的连续变换。把图形中的每一个点都变成自己的变换称为恒等变换，恒等变换是连续变换，显然，恒等变换下，每一个点都是不动点。平面上的平移变换是连续变换，除了特殊情形恒等变换(此时平移向量为零向量)外，没有不动点。平面上的旋转变换也是连续变换，除了特殊情形恒等变换(此时旋转角为 $0°$ 或 $360°$ 等)外，只有一个不动点(旋转中心)。平环(两个同心圆之间的区域)上任一绕圆心的旋转(旋转角 $\neq 2n\pi$)，显然都没有不动点。对于由圆周和它的内部组成的圆盘(也称圆片)，圆盘到自身的任一映射，即圆盘上的任一变换，有没有不动点呢？布劳威尔(L. E. J. Brouwer，1881—1966，荷兰数学家)断言：只要圆盘上的这个变换是连续的，即把邻近的点还变成邻近的点，就至少有一个不动点。这个结论就是著名的布劳威尔不动点定理。

　　本节将介绍布劳威尔不动点定理的一个直观的证明。

　　我们从最简单的情形——一维图形开始讨论。

　　单位闭区间[0，1]到单位闭区间[0，1]的连续函数是否一定有不动点？

　　设连续函数 $f:[0,1] \rightarrow [0,1]$。问是否存在 $x^* \in [0,1]$，使得 $f(x^*)=x^*$。

　　也就是问方程组 $\begin{cases} y=f(x), \\ y=x, \end{cases}$ $(0 \leqslant x \leqslant 1, 0 \leqslant y \leqslant 1)$是否有解？从直观上看，就是在单位正方形中，从左边界到右边界的一条连续曲线(连续函数 $y=f(x)$ 的图像)与正方形从左下角到右上角的对角线($y=x$ 的图像)是否相交？从图 12.1 可以看出，只要曲线是连续的，没有断开之处，它们一定相交，即 $y=f(x)$ 存在不动点。下面给出一个直观的证明。

　　一维布劳威尔不动点定理　设函数 $f:[0,1] \rightarrow [0,1]$ 连续，则 f 至少存在一个不动点，即存在 $x^* \in [0,1]$，使得 $f(x^*)=x^*$。

　　证　如图 12.1，在单位正方形 $OABC$ 中，$O(0,0)$，$A(1,0)$，$B(1,1)$，$C(0,1)$。OB 为对角线($y=x$)，(x,x) 是对角线上的点。点 $D(0,f(0))$ 和 $E(1,f(1))$分别在正方形 $OABC$ 的左、右两条边上。$(x,f(x))$ 是函数 $y=f(x)$图像曲线段 DE 上的点。

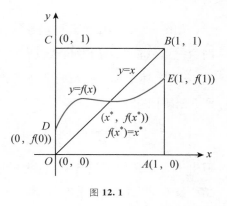

图 **12.1**

　　若 $f(0)=0$ 或 $f(1)=1$ 时，$(0,f(0))$就是$(0,0)$或者$(1,f(1))$就是$(1,1)$，于是点 D 和 O 重合，或者点 E 与 B 重合。说

明此时函数曲线段 DE 与正方形对角线 OB 有公共点 O 或者 B。此时则 0 或 1 就是所求的不动点。

若 $f(0)\neq 0$ 且 $f(1)\neq 1$，则有 $f(0)>0$ 且 $f(1)<1$。说明此时点 $D(0，f(0))$ 在点 $O(0，0)$ 上方，点 $E(1，f(1))$ 在点 $B(1，1)$ 下方。此时函数曲线段 DE 的起点在对角线 OB 的上方，而终点在对角线 OB 的下方。又已知曲线段 DE 是连续的，它从对角线 OB 的上方连续地变到对角线 OB 的下方，因此必与对角线 OB 相交。因此必存在一点 $(x^*，f(x^*))$ 满足 $x^*=f(x^*)$。x^* 就是所求的不动点。∎

关于上述定理再说明以下几点：

(1)上述定理中函数 $f:[0，1]\rightarrow[0，1]$ 必须是连续的，否则可能没有不动点。例如 $f(x)=\begin{cases}\dfrac{2}{3}，& 0\leqslant x<\dfrac{1}{2}，\\[2mm]\dfrac{1}{3}，& \dfrac{1}{2}\leqslant x\leqslant 1，\end{cases}$ 在 $x=\dfrac{1}{2}$ 点处不连续，如图 12.2(a)所示，即函数图像在该点处断开了，刚好使函数图像与单位正方形的对角线没有交点，因而无不动点；

(2)上述定理中函数的定义域和值域 S 必须是闭区间，否则若 S 不是闭区间，f 虽然是连续的，但可能没有不动点。例如，设 $S=(0，1]$，虽然有 $f=\dfrac{x}{2}$ 在 $(0，1]$ 上连续，如图 12.2(b)所示，但由于 f 的图像不包含端点(坐标原点)，所以与单位正方形的对角线没有交点，因而无不动点；

(3)若 S 是无界的，$f:S\rightarrow S$ 虽然连续，但可能无不动点。例如，设 $S=[0，+\infty)$，$f(x)=x^2+1$。虽然有 f 在 $[0，+\infty)$ 上连续，但函数 f 的图像与射线 $y=x$ 没有交点，如图 12.2(c)所示，

此时 f 无不动点。

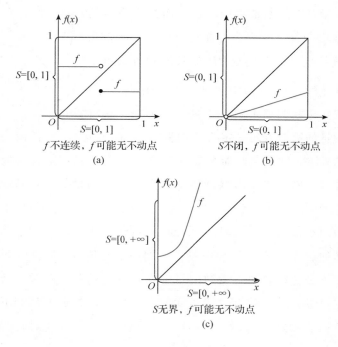

图 12. 2

　　上述一维不动点定理中函数的定义域和值域可以由单位闭区间 $[0，1]$，换成任意闭区间 $[a，b]$，定理仍成立。

　　现在我们来考察 2 维的情形。证明布劳威尔不动点定理，下面给出证明。

　　布劳威尔不动点定理　　圆盘上的任一连续变换，至少有一个不动点。

　　证　　我们用反证法。假设圆盘上有一个连续变换没有不动点。设圆盘上任一点 P 在这个连续变换下的像点是 P'。作向量 $\overrightarrow{PP'}$，

因为对于每一点 P，P 与 P' 都不相同，所以每一个向量 $\overrightarrow{PP'}$ 都不是零向量，因而都有确定的方向（如图 12.3）。因为变换是连续的，所以当点 P 连续变动时，向量 $\overrightarrow{PP'}$ 的长度和方向也是连续变化的。我们称 $\overrightarrow{PP'}$ 为点 P 的变换向量。

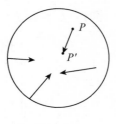

图 12.3

现在考察圆周上每一点的变换向量。所有这些向量的箭头方向一定都指向圆的内部，因为没有任何一点会变到圆外去。我们从圆周上某一点 P_1 开始，让这一点按逆时针方向绕圆周一圈。为了考察圆周上各点的变换向量的变化情况，将它们移到同一起点。如图 12.4 所示，将图 12.4(a) 中圆周上各点的变换向量移到图 12.4(b) 中的同一起点。在图 12.4(a) 中当点回到原来的位置 P_1 时，变换向量也转到原来的位置。变换向量转过的总角度是各相邻两点变换向量的夹角的代数和。顺时针转过的角度取负号，逆时针转过的角度取正号，正负相抵消后剩下的值就是它们的代数和（如图 12.4(b)）。也就是 P_1 点按逆时针方向绕圆周一圈，其变换向量转过的总角度。

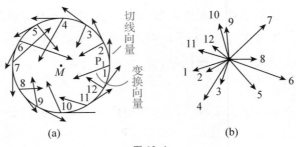

(a)   (b)

图 12.4

当点在圆周上按逆时针方向绕一圈时，显然从这点开始圆的切线向量的方向也按逆时针方向转过一整圈，即 $360°$（如图 12.4

(a))。我们来证明这时变换向量的方向，恰好也按逆时针方向转过一整圈。事实上，由于变换向量回到原来的位置，因此变换向量一定也绕过整数圈，即 360°的整数倍。这个整数可能是正的，或负的，也可能是零。因为圆周上一点的变换向量的方向，永远指向圆的内部，所以和该点的切线方向不能相同，也不能相反。但是如果变换向量与切线向量转过的圈数不同，那么在圆周上，至少有一点这两个向量的方向相同，或相反。具体说，如果变换向量的方向按逆时针方向转过两圈，那么在圆周上，至少有一点处与切线方向相同；如果变换向量是按顺时针方向转过一圈时，那么在圆周上，至少有一点处与切线方向相反。（为了帮助理解，我们可以这样来想象：两个步行者在一个圆环形跑道上行走，两个人同时分别各从一点出发，在相同的时间内，按同一方向，若甲匀速走一圈，乙非匀速走两圈，则一定至少有某一时刻，乙在某一点追上甲，即在这一点处此时刻两人面的朝向相同；若甲匀速走一圈，乙按相反的方向非匀速走一圈，则一定至少有某一时刻，甲、乙两人迎面相遇在某一点，即在这一点处此时刻甲、乙两人面的朝向正相反。）但这都是不可能的。于是我们得到：当一点在圆周上按逆时针方向绕一圈时，变换向量的方向也按逆时针方向转动一圈。

其次，我们来看圆盘内部与上述边界圆周同心的任一圆周 k。当 k 上的点按逆时针方向绕一圈时，我们可得，点的变换向量的方向也按逆时针方向恰好转动一圈。这是因为在整个圆盘上变换向量的方向是连续变化的，所以从边界圆周到圆盘内部的任一同心圆周，点绕圆一圈时，变换向量的方向转过的圈数也应该是连续变化的。但圈数只能取整数值，因此只要在一个圆周上，变换向量转动一圈时，则在其他任一同心圆周上，变换向量转动的圈数也必须是 1，否则从 1 跳到其他任一个整数值，都是不连续的（一个连续变化的量，如果只能取整数值，那么它必须是一个常值，这是一个典型的数学推理，在许多定理的证明中经常使用）。于是我们得到：对于圆盘内半径任意小的任一个同心圆周来说，点在其上按逆时针方向绕一圈时，变换向量的方向也按逆时针方向转动一圈。

然而从另一方面看，当圆周 k 连续收缩到圆心 M 点时，圆周 k 上所有点的变换向量必须趋于一个固定向量 $\overrightarrow{MM'}$（此处 M' 是 M 的像点）。因此对于充分小的圆来说，其上每一点的变换向量都将与固定向量 $\overrightarrow{MM'}$ 非常接近，从而可以使它们的角的总变化量任意地小。比如说，我们可以取到一个充分小的圆周，使其上各点的变换向量的方向的总变化小于 5°。因此对于充分小的圆周来说，变换向量转动的圈数应该是零。这就与上述必须等于 1 的结论相矛盾了。这个矛盾的产生是由于我们开始时假定这个连续变换没有不动点。上述矛盾推翻了我们"没有不动点"的假设，因此，圆盘上的任何连续变换至少有一个不动点。证毕。

一个有趣的结果：把一个和圆盒底面同样大小的圆形软纸片揉成一团，随便扔在圆盒中，将纸团的每一点垂直投影到圆盒底面上，这是圆片到自身的一个连续变换，圆形软纸片上一定有一点在这个圆片到圆片的变换下保持不变。这个有趣的结果，是根据什么得到的呢？

首先，从圆片到纸团的变换是连续的。然后再将纸团的每一点垂直投影到圆盒底面上，这个变换也是连续的，接连施行这两个变换，也就是把这两个变换复合起来，仍然是一个连续变换，是圆片到自身的一个连续变换。而根据布劳威尔不动点定理：圆片到自身的任一连续变换，至少有一个不动点。因此得到上述有趣的结果。

上述不动点定理，不仅对圆盘成立，而且对三角形片和正方形片也成立，对于一切和圆盘同胚的图形（即圆盘在拓扑变换下的像图形）也都成立。

一个图形若能连续地变形为它的一部分，且使这一部分的每一点都保持不动，我们就称图形的这一部分是该图形的一个"收缩核"，并称该连续变换为该图形的一个保核收缩。举个简单的例子，我们把圆盘上的每一点都变成它的圆心，这是一个常值变换，圆心在这个变换中保持不变，因此，圆心就是圆盘的一个收缩核，该常值变换就是一个保核收缩。

现在我们来考察圆盘能否以其圆周为收缩核？即存在不存在一个连续变换，把一个圆盘连续地变换成它的圆周，而使圆周上每一点保持不动。明显地，这是不可能的，因为那样做非要把圆盘撕裂不可——撕裂了，变换就不再是连续的了。上述事实说明圆周不是圆盘的收缩核，这是一个相当明显的结论。直观上不那么明显的布劳威尔不动点定理，却是上述结论的一个直接推论。

假设存在圆盘到自身的连续变换没有不动点，将会得到与上述结论相矛盾的结果。假设在这个变换下圆盘上任一点 P 变成 P'。由于对于一切点 P，P 与 P' 都不同，所以对于圆盘上的每一点 P，我们能够以 P' 为起点经过 P 作一射线。该射线与圆周交于 P^* 点（如图12.5）。于是我们得到一个把 P 变成 P^* 的映射。它是把整个圆盘变成它的圆周的一个连续

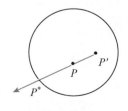

图 **12.5**

映射，并且使圆周上的每一点保持不变，即圆周是圆盘的一个收缩核，这就和圆周不是圆盘的收缩核这个事实相矛盾了。从而推翻了"圆盘到自身的连续变换没有不动点"的假设，所以圆盘到自身的任一连续变换必存在不动点。

下面简单说明一维的布劳威尔不动点定理在求解市场均衡点中的一个应用。

我们来看经过简化了的最简单的情形。

在经济问题中，往往要考虑一种商品的需求量和供给量。影响它们的因素很多，加以简化，我们只考虑商品价格这一个因素。这样就得到该商品的需求量 D 是其价格 p 的函数，记为 $D = D(p)$。该商品的供给量 S 也是其价格 p 的函数，记为 $S = S(p)$。

在经济学中，要研究市场供求平衡的问题。具体说，就是某种商品的价格定在多少时，能使该商品的需求量和供给量保持平衡。把它化成数学问题就是解方程

$$D(p) = S(p), \qquad (12.1)$$

并把该方程的解 p_0 值称为市场的均衡点。

上述市场均衡点的存在问题，可转化为不动点的存在问题。

将方程(12.1)改写为

$$p = p + D(p) - S(p)。 \qquad (12.2)$$

令
$$f(p) = p + D(p) - S(p)。$$

从经济学上知道，上述 f 是某个从闭区间 $[a, b]$ 到 $[a, b]$ 的连续函数，由一维布劳威尔不动点定理可得，上述 f 有不动点 $p^* \in [a, b]$，使 $f(p^*) = p^*$。于是有

$$P^* + D(p^*) - S(p^*) = p^*,$$

即方程(12.2)有解，因而方程(12.1)有解。

§13. 莫比乌斯带，射影平面和克莱因瓶

除了平面以外，我们常见的曲面有圆柱面，球面，还有本书前面(见§10)介绍过的环面等。我们知道，平面，圆柱面，球面和环面等这些我们常见的曲面，都是有正反面的，称为双侧曲面。这一章我们介绍几个非常奇怪的曲面，它们没有正反面，只有一个面，称为单侧曲面。

§13.1 圆柱面和莫比乌斯带

在立体几何中我们知道，将一个矩形面以它的一条边所在直线为轴，旋转一周，所生成的几何体，叫圆柱体，它的侧表面称为圆柱面。圆柱面展开是一个矩形面。在拓扑学中我们把圆柱面看成是由矩形纸片 $ABCD$，将其弯曲，使一双对边 AB 和 DC 黏合在一起所得到的曲面，如图 13.1 所示。

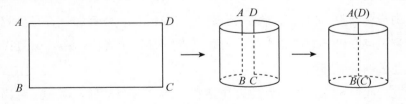

图 **13.1**

如果我们将一个矩形纸片 $ABCD$ 的一端扭转半圈，即 $180°$，将其弯曲，使一双对边 AB 和 CD 黏合在一起所得到的曲面，如图

13.2 所示，叫莫比乌斯带。

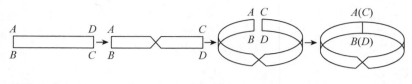

图 13. 2

莫比乌斯带是德国数学家莫比乌斯（A. F. Möbius，1790—
1868，德国数学家、天文学家）于 1858 年发现的。它的奇妙之处
在于它是一个单侧曲面。如果我们用一支红颜色的彩笔给莫比乌
斯带着色，彩笔沿着带子的一面涂色，不需要越过带子的边缘，
就能将整个带子里里外外全都涂成红色，这就是说，莫比乌斯带
实际上只有一个面。我们给圆柱面着色时，若彩笔不越过圆柱面
的边缘，则永远只能在它的一个面上涂色，另一个面永远也涂不
上色。可见圆柱面有两个面，我们说圆柱面是一个双侧曲面，而
说莫比乌斯带是一个单侧曲面。

人们利用莫比乌斯带是一个单侧曲面的这一特性，可以开发
出一些实际应用。例如，设想把机器上的传送带做成莫比乌斯带
的形状，则可以使带子的"两面"均匀受磨损。又例如，若将录音
带做成莫比乌斯带的形状，则既可以"两面"录音（放音），又可以
免去倒带的麻烦等。

我们知道，圆柱面的边缘是它两端的两个圆周，那么，莫比
乌斯带的边缘是什么呢？也是两条曲线吗？我们在莫比乌斯带的
边缘上取一点标以 A，然后用手从点 A 出发，沿着带子的边缘往
前移动，当移过带子的全部边缘以后，又回到了点 A。这说明莫比
乌斯带只有一个边缘，该边缘是一条封闭的空间曲线，它可以由

一个圆周经过拓扑变换而得到。我们说莫比乌斯带是一个只有一个边缘的单侧曲面，而说圆柱面是一个有两个边缘的双侧曲面。

曲面的单侧性，也叫作不可定向性。以曲面上的一点（不在边缘上）为圆心，作一个完全在曲面上的小圆，对这样的小圆的圆周，指定一个绕行的方向，称为该点（圆心）的一个指向。若能对曲面上的每一点，规定一个指向，使所有相邻的点的指向相同，则称该曲面为可定向的，否则，若不论如何给每一点规定指向，总存在有某两个相邻的点的指向不同，则称该曲面为不可定向的。

经过简单的验证即可知圆柱面是可以定向的。对于莫比乌斯带，我们考察其上的一条闭曲线 GG'（即带子的"中心线"，如图 13.3），其中 G 与 G' 是同一点。如果给 G 规定一个指向，而且在整个闭路 GG' 上一直沿用这个指向，这样当动点沿

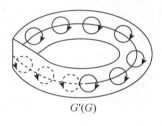

$G'(G)$

图 **13.3**

GG' 到达 G'（即 G）时，G' 的指向必定与 G 的指向相反（如图 13.3）；为了使相邻的点的指向相同，我们改变点 G 原来的指向，则在整个闭路 GG' 上需要一直沿用这个指向，这样到 G' 时，G' 的指向也随之改变，仍然与 G 指向相反。因此我们断言莫比乌斯带是不可定向的。

由莫比乌斯带的单侧性可得到关于它的一些奇妙结果。

我们知道，沿着与圆柱面的边缘平行的中心线，把圆柱面剪开，可得高度是原来一半的两个圆柱面（如图 13.4）。那么，沿着与莫比乌斯带的边缘平行的中心线，把莫比乌斯带剪开（如图 13.5），可得什么图形呢？也将原来的莫比乌斯带一分为二吗？结果大出所料，得到的不是两个变窄的莫比乌斯带，而是一个更大

的纸带圈儿，宽度是原来的一
半，而长度是原来的两倍，但
不再是莫比乌斯带，而是一个
扭转了两次的纸带环儿，形状
见图 13.6(从直观上想一想，为
什么会是这样的形状？可以从
莫比乌斯带的生成方式分析，

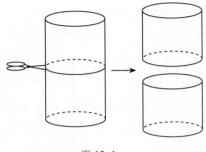

图 13.4

沿其中线剪开时不会分离为两部分)，可以证明它同胚于一个圆柱
面(参见本章习题(习题 9)第 4 题)。

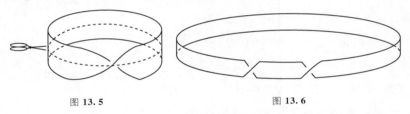

图 13.5　　　　　　　　图 13.6

　　有一个有趣的故事，是说从前有一个在山里挖矿的个体户，
为了把矿石从山洞里运出来，他安装了一副传送带，并做成莫比
乌斯带的形状。随着矿洞向里延伸，运量也逐渐减少。矿主打算
把传送带加长，但宽度可以减小。矿主正在操作此事，一好事者
经过这里，该人好与人打赌，听矿主说完自己的打算——只需沿
带子的中心线剪开就行，不需要横向剪开接长。该人怎么也不相
信，于是打赌，结果当然是该人输了。又过了一些时间，矿洞再
向里延伸，运量也逐渐减少。矿主打算把传送带再加长，而宽度
可以再减小。矿主正在操作此事，好事者又经过这里，听矿主说
完自己的打算——带子的横向竖向都要剪开。好事者有了上次经
验，认为只需沿带子的中心线剪开就行，不需要横向剪开再接长。
于是又打赌，结果如何呢？你也会参加打赌吗？留给你自己动手剪一剪，看一看这次打赌谁会赢。

　　现在我们来考察"双层"莫比乌斯带：将两张大小相同的矩形纸条重叠在一起，将它们的一端一起扭转 $180°$，然后将两端依次粘在一起，想象可以得到两个紧紧靠在一起的莫比乌斯带，或者说是一个"双层"的莫比乌斯带（如图 13.7）。

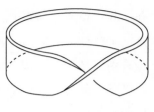

图 **13.7**

　　我们的上述想象对吗？我们用一支铅笔插在两层纸带之间，沿着纸带移动铅笔，发现铅笔在两层纸带之间通行无阻，移动一整圈以后，又回到原来出发的地方，只是铅笔上下颠倒了。看来，"确实"是两个紧紧重叠在一起的莫比乌斯带，或者说是一个"双层的"莫比乌斯带了，果真是这样吗？还是让我们打开这个"双层"莫比乌斯带，看一看究竟吧。打开的结果竟发现它并不是两个莫比乌斯带，而是一个长长的纸带圈，形状如图 13.6 所示，和前面沿中心线剪开莫比乌斯带所得的图形相同，也是一个扭转了两次的大纸带环。看上去明明是一个"双层"莫比乌斯带，怎么成了这个样子，真使人惊奇不已。（这是一个可以当众表演的魔术。你能看透其中的奥妙吗？——实在看不出来，可参见本章习题（习题 9）第1 题）

　　我们再来看，在莫比乌斯带宽三分之一处沿着平行于莫比乌斯带边缘的一条曲线，将莫比乌斯带剪开，会得到什么样的图形呢？我们发现，剪开后得到宽度为原来的三分之一的一个莫比乌斯带，和一个宽度也为原来的三分之一的、长度为原来的两倍的且扭转了两次、形状如图 13.6 所示的纸带环。

　　我们再来考察"三层"莫比乌斯带：将三张大小相同的矩形纸

条重叠在一起，将它们的一端一起扭转 180°，然后将两端依次粘在一起，想象可以得到三个紧紧靠在一起的莫比乌斯带，或者说是一个"三层"的莫比乌斯带。果真是我们想象的这样吗？打开看一看到底是什么图形？结果发现，它和上述在带宽三分之一处沿着平行于莫比乌斯带边缘的一条曲线，将莫比乌斯带剪开，所得到的图形完全一样，即一个莫比乌斯带和一个长长的扭转了两次的大的纸带环。

§13.2 射影平面

下面再介绍一个单侧曲面——射影平面。

我们先来看一个熟悉的曲面——球面。我们从立体几何知道，一个圆周绕着它的直径旋转一周，所得曲面为球面。在拓扑学中用如下方法生成球面：将一个弹性极好的圆片薄膜，其边缘为圆周 $ABCD$，如图 13.8(a)，将半圆周 BAD 和半圆周 BCD 黏合起来，所得封闭曲面(如图 13.8(b))即为球面。把曲线 $BA(C)D$ 想象成拉链，则图 13.8(b)就是一个钱包，把这个钱包充气就变成一个球面(如图 13.8(c))了，钱包和球面是同胚的。显然，球面是一个封闭的双侧曲面。

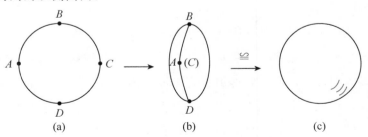

(a)   (b)   (c)

图 13.8

现在我们来看一个与由圆片生成球面不同的
情形：将一个弹性极好的圆片薄膜，其边缘为圆
周 ABCD，如图 13.9，将半圆周 ABC 和半圆周
CDA 黏合起来，即把圆周的每一对对径点（一条
直径的两个端点称为一对对径点）粘成一点，所得
封闭曲面叫作射影平面。图 13.9 称为射影平面的
圆片模型。

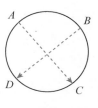

图 **13.9**

现在我们就射影平面的圆片模型来想象射影平面的整体形象。
我们把圆片想象成是用弹性极好的薄膜做成的，可以任意弯曲和
拉伸。现在要把圆片边缘圆周上的每一对对径点各黏合成一个点，
但是非常遗憾，既要黏合各对对径点，又要曲面不自己相交，这
在三维空间中是无论如何也不可能实现的。为了能在三维空间中
表示出射影平面的形象，曲面必须自己相交。我们可以作如下的
想象：先将圆片变形成有一个方形小孔 ABCD 的球面（如图
13.10），再用如下方法分别把 AB 和 CD 黏合，AD 和 CB 黏合，
先提高 A 和 C，拉下 B 和 D（如图 13.11），然后分别将两对点各自
黏合在一起，得到自己相交于一条直线的封闭曲面（如图 13.12），
这就是我们在三维空间中表示出来的、具有一条自交线的射影平
面的一个整体形象。

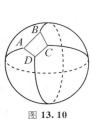

图 **13.10**

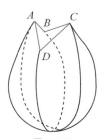

图 **13.11**

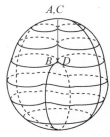

图 **13.12**

在四维空间中，射影平面完全可以避免自己相交而表示出来。想象垂直于纸面还有一个第四维数，并且记住纸面表示通常的三维空间。通过图 13.12 中的自交线的两个面，它们分别是在图 13.11 中由黏合 AB 和 CD 及 AD 和 CB 所得到的。现在想象这两个面中的一个面不动，另一个面保留自交线的两个端点不动，向第四维方向略微弯曲，这样就避免了出现自交线。如果觉得不好理解，可以先看下面简单的情况，或许能够帮助我们想象。两条直线不平行也不相交，这在二维空间是永远不能实现的。如果要在平面上表示出它们，必定要自己相交（如图 13.13），而在三维空间中就可以避免自己相交而表示出来，只要把垂直于纸面的第三维考虑进去，在图 13.13 的交点附近，将其中一条直线沿第三维的方向略微提高一些，就消除了交点，如图 13.14。

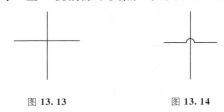

图 13.13　　　　　　　　图 13.14

射影平面虽然是一个封闭曲面，但不能拿它做容器来装东西，因为它是单侧曲面。直观通俗地说，它没有正反面，也就是这个封闭曲面没有里外之分。如果我们捉到一只蚂蚁，把它关在做成射影平面形状的封闭的瓶子"里面"，那么这只蚂蚁可以毫不费事地沿着这个瓶子爬到瓶子"外面"来，轻而易举地就逃走了。

关于射影平面的单侧性，我们可以通过它与单侧曲面莫比乌斯带的关系来了解。

如果从射影平面上挖去一个小圆洞，就可得到一个莫比乌斯带。为了看清这一点，我们仍从射影平面的圆片模型出发来说明，过程见图 13.15。

第 1 步　在圆片上挖去一个更小的圆片，得到一个平环（如图 13.15(a)）；当然，在平环的外圆周上，每一对对径点必须各黏合成一点。

第 2 步　沿着半径 AB 和 CD 切开平环（如图 13.15(b)），使之变成两个矩形（如图 13.15(c)），再将外圆周上的各对对径点黏合为一点（如图 13.15(d)），得到一个长方形（如图 13.15(e)），再按图中相同的字母表示的两端黏合起来，即得莫比乌斯带（如图 13.15(f)）。莫比乌斯带有一个边缘，如图 13.15(f) 中的封闭曲线 ACA，在上述过程中，它是由平环（如图 13.15(a)）的内圆周即射

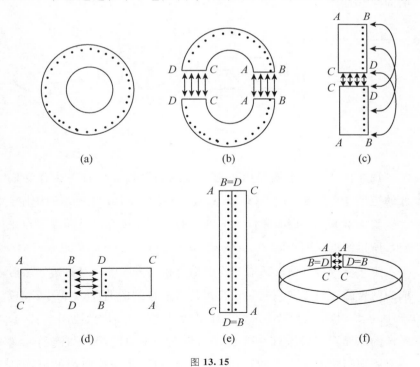

(a)　　　　(b)　　　　(c)

(d)　　　　(e)　　　　(f)

图 **13.15**

影平面上挖去的小圆片的边缘圆周变来的。因此，反过来，若沿莫比乌斯带的边缘（圆周）粘上一个圆片，我们又可以得到封闭曲面射影平面了。这样，我们就可以直观地从莫比乌斯带的单侧性得到射影平面也是单侧的了。

§13.3   环面和克莱因瓶

在§10，我们曾经介绍过环面，它可以看成是由一个矩形生成的，设想有一张弹性极好的矩形橡皮薄膜，依照如图 10.6（如图 13.16）所示的程序，分别将其对边按相同方向黏合在一起，得到的曲面就是环面。环面是一个封闭曲面，也是一个双侧曲面。

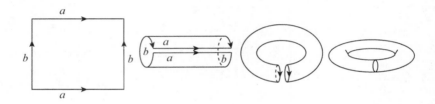

图 13.16

现在再介绍一个同样由矩形生成的曲面，设想有一张弹性极好的矩形橡皮薄膜（如图 13.17(a)），依照如图 13.17 所示的程序。

第 1 步   先将标有相同方向的一对对边 a 按方向相同黏合在一起，所得图形如图 13.17(b)所示。

第 2 步   再将图形两端的、由标有相反方向的一对对边 b 所形成的两个圆，按方向相同黏合在一起，所得到的曲面，如图 13.17(c)所示，叫克莱因（Klein）瓶。上述第 2 步，不可能如图 13.17(c)所示的那样在三维空间中完成。因为在三维空间中，圆筒的一端只有戳穿圆筒的表面（即自己与自己相交），才能与圆筒的另一端按箭头方向相同黏合。因此，需要在四维空间中，才能使瓶颈"绕过"而不是穿过表面，既让两个圆口按相同方向黏合起来，又避免自身相交。克莱因瓶是一个封闭曲面，而且也是一个单侧曲面。

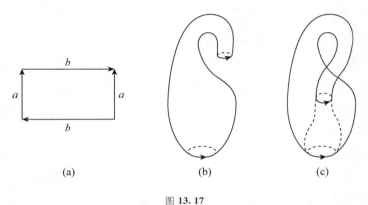

(a)　　　　　　　(b)　　　　　　　(c)

图 **13. 17**

　　关于克莱因瓶的单侧性，我们可以通过它与单侧曲面莫比乌斯带的关系来说明。我们可以证明，将两个莫比乌斯带沿着它们的边缘黏合起来，所得曲面同胚于一个克莱因瓶。我们通过图 13.18 来给出上述结论的证明。

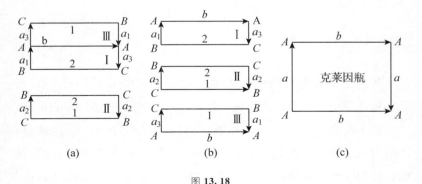

(a)　　　　　　　(b)　　　　　　　(c)

图 **13. 18**

我们用图 13.18(a)中的两个矩形，分别表示两个莫比乌斯带：上面的一个矩形表示将一对对边 BC 按从 B 到 C 的方向黏合起来得到的莫比乌斯带；下面的一个矩形表示将一对对边 BC 按从 C 到 B 的方向黏合起来得到的莫比乌斯带。将为了将这两个莫比乌斯带沿边缘 $B1C2B$ 黏合起来。

第 1 步　先将上面那个矩形沿中线 AA 剪开成两个矩形，记上编号Ⅲ和Ⅰ，下面那个矩形记为Ⅱ，如图 13.18(a)所示；

第 2 步　将三个矩形按编号Ⅰ，Ⅱ，Ⅲ，从上到下依次排列，如图 13.18(b)所示；

第 3 步　将矩形Ⅰ和Ⅱ沿 $B2C$ 黏合起来，再将矩形Ⅱ和Ⅲ沿 $C1B$ 黏合起来，得到如图 13.18(c)所示矩形，按箭头所示的方向将对边黏合起来就得到一个克莱因瓶。∎

我们既然已经知道莫比乌斯带是单侧曲面，那么由两个莫比乌斯带沿边缘黏合起来得到的克莱因瓶，当然也就是单侧的了。克莱因瓶是一个封闭曲面，虽然名字也叫克莱因瓶，但我们不能用这个"瓶子"做容器来装酒或其他饮料，因为它没有"里""外"之分，装进去的东西，都流到瓶外面去了。

§13.4　曲面的多边形表示

在上述证明中我们用以表示莫比乌斯带和克莱因瓶的方法，是在拓扑学中用以表示曲面的一般方法——曲面的多边形表示。

在平面多边形的边上，标明适当的字母和方向，用它来表示把由相同字母表示的边按标明的方向黏合起来所得到的曲面。例如，我们已经讨论过的一些常见的曲面，可以如图 13.19 表示。

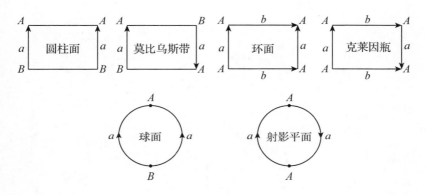

图 **13.19**

例　图 13.20 中的三个图各表示什么曲面？

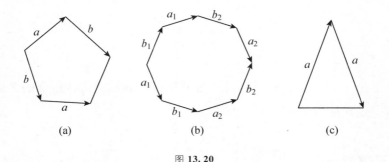

图 **13.20**

解　在上列三个多边形中，分别将相同字母表示的边按相同方向黏合起来，其中图 13.21(b) 需要先剪开成两部分，分别黏合，然后再沿着剪开的地方重新黏合起来。三个图的黏合过程见图 13.21。图 13.21(a) 表示环面上挖一个洞，称为一个环柄；图 13.21(b) 表示两个环柄沿其边缘黏合在一起，是一个双环面；图 13.21(c) 表示射影平面上挖一个洞，由前面的讨论知，它表示一个莫比乌斯带。

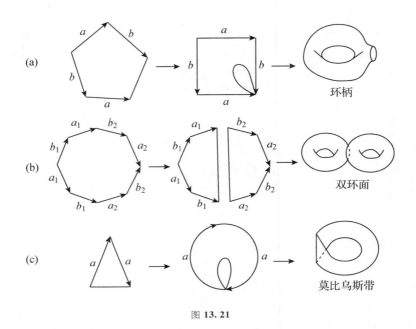

图 **13.21**

图 13.21(c)也可以直接经过剪拼得到表示莫比乌斯带的多边形，过程见图 13.22。

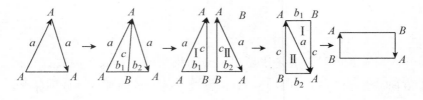

图 **13.22**

现在我们在球面上挖一个圆洞，然后在洞的边缘上黏合一个环柄，即将该洞的边缘（圆周）与环柄的边缘（圆周）对接上，看得到什么曲面？因为球面上挖一个圆洞，同胚于一个圆盘；又由于环柄是由环面上挖一个圆洞得到的，因此，在球面上挖一个圆洞，然后在洞的边缘上黏合一个环柄，相当于在环柄的边缘上黏合一个圆盘，或者说是在环面挖洞的地方补上一个圆盘，使环面得到恢复，结果得一环面（过程见图13.23）。

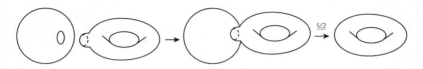

图 **13.23**

若在球面上挖两个圆洞，然后在每个洞的边缘各黏合一个环柄，看得到什么曲面？由于球面上挖两个圆洞同胚于圆柱面，然后在圆柱面两端的圆周处各黏合一个环柄，所得曲面同胚于一个双环面（如图13.24）。

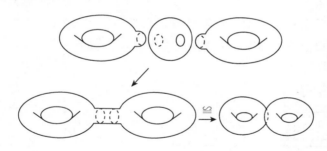

图 **13.24**

我们把在球面上挖一个洞，然后在洞的边缘黏合一个环柄的手续，叫作在球面上安装一个环柄。于是上述结果可以表述为：安装了一个环柄的球面，同胚于环面；安装了两个环柄的球面，同胚于双环面。

现在我们在球面上挖一个圆洞，然后在洞的边缘上黏合一个莫比乌斯带，即将该洞的边缘与莫比乌斯带的边缘对接上，看得到什么曲面？由于莫比乌斯带的边缘同胚于一个圆周，而球面上挖一个圆洞，同胚于一个圆盘，因此二者黏合，相当于在莫比乌斯带的边缘，黏合一个圆盘，由前面的讨论，我们已经知道：在莫比乌斯带的边缘，黏合一个圆盘，同胚于射影平面。因此我们得到：在球面上挖一个圆洞，然后在洞的边缘上黏合一个莫比乌斯带，得到一个射影平面。

若在球面上挖两个圆洞，然后在每个洞的边缘各黏合一个莫比乌斯带，看得到什么曲面？由于球面上挖两个圆洞同胚于圆柱面，然后在圆柱面两端的圆周处各黏合一个莫比乌斯带。图 13.25（a）中的Ⅰ和Ⅲ各表示一个莫比乌斯带，Ⅱ表示圆柱面。先将Ⅰ和Ⅱ黏合起来，过程如图 13.25（b）所示，结果仍然是一个莫比乌斯带。再把所得的这个莫比乌斯带和莫比乌斯带Ⅲ黏合起来，根据前面已经得到的结论：将两个莫比乌斯带沿着它们的边缘黏合起来，所得曲面同胚于一个克莱因瓶（如图 13.18）。

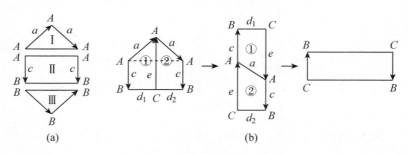

图 **13. 25**

我们把在球面上挖一个洞，然后在洞的边缘黏合一个莫比乌斯带的手续，叫作在球面上安装一个莫比乌斯带。于是上述结果可以表述为：安装了一个莫比乌斯带的球面，同胚于射影平面；安装了两个莫比乌斯带的球面，同胚于克莱因瓶，它们都是单侧曲面。

习题 9

1. 将两张大小相同的矩形纸条重叠在一起，将它们的一端一起扭转 180°，然后将两端依次粘在一起，得到的是何图形？它并不是想象中的两个紧紧重叠在一起的莫比乌斯带，或者说一个"双层"的莫比乌斯带，为什么会是这样呢？其奥妙何在？

2. 对图 13.26 中所画的 12 边形，请按图上标明的方向把由相同字母表示的边按相同方向黏合起来，问得到什么曲面？

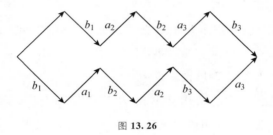

图 **13.26**

3. 证明图 13.27 表示克莱因瓶。

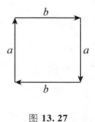

图 **13.27**

4. 将莫比乌斯带沿中线剪开得何曲面(同胚于什么曲面)？

§14. 曲面的欧拉示性数和闭曲面的分类

本章先介绍曲面和闭曲面的概念，然后介绍曲面的欧拉示性数和三角剖分，最后介绍闭曲面的拓扑分类。

§14.1 曲面的概念

上一章我们介绍了几个常见的曲面，但并没有给出曲面的定义，这个工作本章来完成。我们看图 14.1 中的"T"形图，它在 x，y，z 三点邻近的结构互不相同。我们用曲面上点的"邻域"的形状，来描绘曲面的结构。对三维空间中的图形，我们规定，每一点的邻域是三维空间中的以该点为球心的一个开球（指不包含球面的球）与这个图形交出的部分。

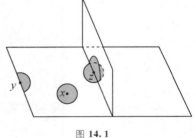

图 **14.1**

图 14.1 中点 y 的邻域是半个开圆盘（指不包含圆周的圆盘），点 y 在这个半圆盘的边界直径上，对这种情形，我们就称点 y 在图形的边缘上。点 z 的邻域是由沿公共直径连在一起的三个开的半圆盘组成，对这种情形，我们就称图形在点 z 处有分叉。最后，点 x 的邻域是一个开圆盘，且 x 在圆盘内部，图形在这里没有边缘，也没有分叉。

若一个连通图形的每个点都有一个与开圆盘同胚（拓扑等价）

的邻域(该点在开圆盘内部)，我们就称这个图形是一个曲面。曲面没有边缘也没有分叉。例如球面和环面，分别见图 14.2(a)和图 14.2(b)，其上每一点都有一个与开圆盘同胚的邻域，它们都是曲面。也可以讨论带边缘的曲面，它们有边缘但没有分叉。例如，圆柱面和莫比乌斯带，它们都是带边缘的曲面，分别见图 14.3(a)和图 14.3(b)，圆柱面的边缘是圆柱面两端的两个圆周，上一章我们讨论过莫比乌斯带的边缘是空间的一条同胚于圆周的封闭曲线。环柄(由环面上挖一个洞得到)也是一个带边缘的曲面，它的边缘是一个圆周(如图 14.4)。

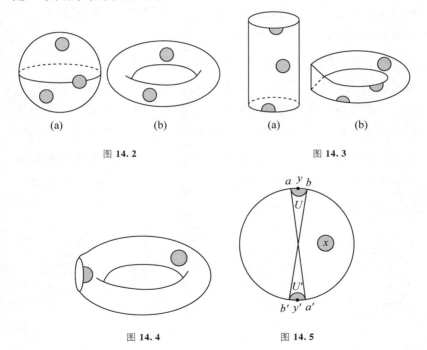

(a)　　　　　(b)　　　　　(a)　　　　　(b)

图 14.2　　　　　　　　　　　图 14.3

图 14.4　　　　　　　图 14.5

　　在上一章我们介绍了射影平面，它可以看成由圆盘将每一对对径点黏合成一点而得到的图形。因此射影平面上的"点"，或者是圆盘的内点，或者是圆盘边界圆周上的一对对径点（黏合成一点）。现在来考察射影平面上的每一点的邻域，若是前一种点，如图 14.5 中的点 x，它的邻域就是以 x 为中心的一个通常的开圆盘。若是后一种点，即由圆盘的一对对径点（如图 14.5 中点 y 及 y'）黏合而成的点，y 及 y' 作为圆盘边界上的点，各自的邻域记为 U 和 U'，U 和 U' 中各包含圆周的一段弧 $\overparen{ayb}$ 和 $\overparen{a'y'b'}$，其中 a 与 a'，b 与 b' 也是对径点。因而在射影平面上弧 $\overparen{ayb}$ 和 $\overparen{a'y'b'}$ 是同一段弧，这样，U 和 U' 在射影平面上是连成一片的。从而由圆盘的一对对径点 y 及 y' 黏合而成的点在射影平面中的邻域，也是同胚于一个开圆盘的。因此，射影平面也是一个曲面。

如果我们能在一个曲面上画一个由连接有限个点和有限条弧组成的有限网络，它能把曲面分割成有限个与圆盘同胚的区域——曲边多边形，我们就称该曲面能剖分成多边形。球面和环面都能剖分成多边形，例如，分别如图 14.6(a) 和图 14.6(b) 所示，由有限条经线和纬线以及它们的交点组成的网络，就能把它们剖分成有限个曲边多边形。圆柱面和莫比乌斯带，也能剖分成多边形，分别如图 14.7(a) 和图 14.7(b) 所示。

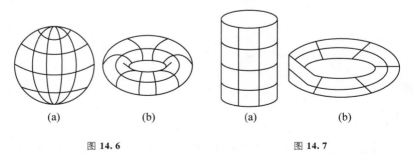

(a)　　　　(b)　　　　　　(a)　　　　(b)

图 14.6　　　　　　　　　　图 14.7

由上一章，我们知道，在莫比乌斯带的边缘上黏合一个圆盘，得到的曲面同胚于射影平面。由莫比乌斯带能剖分成多边形，圆盘显然也能剖分成多边形，因而射影平面也能剖分成多边形。同样，由于将两个莫比乌斯带沿它们的边缘黏合起来得到的曲面同胚于克莱因瓶，因此，克莱因瓶也是能剖分成多边形的。

　　然而，我们看到平面上的任何一个有限网络，都不能把平面分割成有限个与圆盘同胚的区域，因此我们得到，平面不能剖分成多边形。

　　如果一个连通的曲面，既没有边缘，又能剖分成多边形，我们就称它是一个（封）闭曲面。球面和环面是闭曲面。圆柱面和莫比乌斯带都有边缘，所以它们都不是闭曲面。平面虽然没有边缘，但它不能剖分成多边形，所以它也不是闭曲面。

　　到这里，该明白我们为什么不将闭曲面只定义为没有边缘的曲面，而要加上一条"能剖分成多边形"的道理了。这是因为，如果我们定义闭曲面只要求没有边缘，那么，平面就是闭曲面了，而这与直观不符合。现在加上了一条能剖分成多边形的条件，就巧妙地把平面排除在闭曲面之外了。另外，从下面我们将看到，把曲面剖成多边形，就可对一般曲面方便地定义欧拉示性数了。

§14.2　曲面的欧拉示性数

　　设 Q 是一个曲面，不论是闭曲面，还是带边缘的曲面，不论是单侧曲面还是双侧曲面，若其上的一个有限网络，将其剖分成 F 个同胚于圆盘的曲边多边形，该网络有 V 个顶点，E 条棱，我们把数 $V-E+F$ 叫作曲面 Q 的欧拉示性数，记为 $\chi(Q)$，即

$$\chi(Q)=V-E+F。$$

　　欧拉公式告诉我们，对任何一个简单多面体的表面（称简单多

面形），$V-E+F=2$，即任何一个简单多面形的欧拉示性数总是
2，不随简单多面形的顶点数、棱数和面数的改变而改变。我们又
知道简单多面形同胚于球面——设想简单多面形是用橡皮薄膜制
成的，充气后会膨胀成一个球面——把球面剖分成多边形，一种
剖分方法就得到一种简单多面形，欧拉公式告诉我们，球面的欧
拉示性数是 2，而与球面剖分成多边形的方式无关，是球面本身固
有的性质。

上述结论对一般曲面也成立，即对于任何曲面，它的欧拉示
性数，不依赖于把它剖分成多边形的方式，是由曲面本身决定的。

设 G_1，G_2 是曲面 Q 上的任意两个不同的网络，它们分别给出
Q 的两个不同的多边形剖分，设由 G_1 得到的顶点数、棱数和面数
分别是 V_1，E_1，F_1，由 G_2 得到的顶点数、棱数和面数分别是 V_2，
E_2，F_2，则有 $V_1-E_1+F_1=V_2-E_2+F_2$。（证明略）

正因为有了上述结论，用由曲面 Q 的某一个多边形剖分得到
的顶点数、棱数和面数 V，E，F 来定义曲面 Q 的欧拉示性数
$\chi(Q)=V-E+F$，才是有意义的。

下面我们来证明曲面 Q 的欧拉示性数 $\chi(Q)$ 是曲面的一个拓扑
不变量，即同胚的两个曲面，它们的欧拉示性数相等。

设曲面 Q_1 和 Q_2 同胚，则 $\chi(Q_1)=\chi(Q_2)$。

证　设拓扑变换 f 把曲面 Q_1 变成曲面 Q_2，则 f 把曲面 Q_1 上
的网络 G_1 变成曲面 Q_2 上的网络 G_2，即曲面 Q_2 上的顶点、棱和面
都是分别由曲面 Q_1 上的顶点、棱和面变来的，于是曲面 Q_1 和 Q_2 上
的顶点数、棱数和面数分别相等，即有 $V_1=V_2$，$E_1=E_2$，$F_1=$
F_2，则有 $V_1-E_1+F_1=V_2-E_2+F_2$，即 $\chi(Q_1)=\chi(Q_2)$。

我们知道球面的欧拉示性数是 2，球面上挖去两个圆洞，即在

球面的一个多边形剖分中去掉两个面，而顶点数和棱数不变，因此所得曲面的欧拉示性数为 $2-2=0$。而该曲面同胚于圆柱面，因此圆柱面的欧拉示性数也为 0。

我们知道了曲面欧拉示性数是曲面的一个拓扑不变量，因此，若两个曲面的欧拉示性数不相等，则它们必不同胚。我们可以用这种方法来判断两个曲面不同胚。环面和球面同胚吗？如何说明它们不同胚呢？

我们已经知道球面的欧拉示性数是 2，若能再计算出环面的欧拉示性数就好了。我们将一个立方体挖一个从上底一直贯穿到下底的小长方体形的"洞"（如图 14.8）。这个有洞立方体的表面多面形，设想它是橡皮薄膜做成的，充气后就膨胀成一个环面，说明它和环面是同胚的，因而它们的欧拉示性数相等。这个有洞立方体的表面多面形，从图 14.8 可以看出，有 16 个顶点，32 条棱和 16 个面，因此它的欧拉示性数为 $16-32+16=0$。于是得到环面的欧拉示性数为 0。而球面的欧拉示性数为 2，环面和球面两者的欧拉示性数不相等，所以它们不同胚。

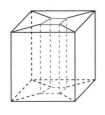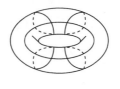

图 **14.8**

注意　若两个曲面的欧拉示性数不等，我们可以断言它们不同胚。但反过来不一定对，即两个曲面的欧拉示性数相等，我们不能断言它们同胚。例如，环面的欧拉示性数为 0，圆柱面的欧拉示性数也为 0，它们的欧拉示性数相等，但环面是封闭曲面，而圆柱面有边缘不是封闭曲面，二者不同胚。

设 Q_1 和 Q_2 是两个带有边缘的曲面，它们的边缘都同胚于圆周，且它们的欧拉示性数分别为 $\chi(Q_1)$ 和 $\chi(Q_2)$。则将这两个曲面沿它们的边缘黏合起来，所得曲面的欧拉示性数恰等于

$$\chi(Q_1) + \chi(Q_2)。$$

证　由于曲面的欧拉示性数不依赖于曲面的具体剖分方式，因此，不妨设曲面 Q_1 和 Q_2 在边缘圆周上有相同的顶点数 V'，因而在边缘圆周上也有相同的棱数 E'，且 $E' = V'$。

设曲面 Q_1 和 Q_2 的顶点数、棱数和面数分别是 V_1，E_1，F_1，和 V_2，E_2，F_2，于是有 $\chi(Q_1) = V_1 - E_1 + F_1$ 和 $\chi(Q_2) = V_2 - E_2 + F_2$。把曲面 Q_1 和 Q_2 沿边缘黏合起来得到的曲面为 Q。设 Q 的顶点数、棱数和面数分别为 V，E，F，则有

$$V = V_1 + V_2 - V', \quad E = E_1 + E_2 - E' = E_1 + E_2 - V',$$
$$F = F_1 + F_2,$$

于是有

$$\chi(Q) = V - E + F = (V_1 + V_2 - V') - (E_1 + E_2 - V') + (F_1 + F_2)$$
$$= V_1 + V_2 - (E_1 + E_2) + F_1 + F_2$$
$$= \chi(Q_1) + \chi(Q_2)。$$

§14.3　曲面的三角剖分

为了计算曲面的欧拉示性数，我们必须用曲面上的一个有限网络把曲面剖分成有限个曲边多边形。下面介绍一种特殊的剖分方式——三角剖分。

曲面上由有限个顶点和连接它们的弧（棱）组成的网络，将曲

面剖分成有限个曲边三角形，若适合以下三条要求：

(1)每个顶点和每条棱都是某个三角形的顶点和边(即要求纯粹性)；

(2)每一条棱都是两个三角形的公共边(即要求曲面既无分叉、又无边缘)；

(3)对于任意两个三角形，都有一个三角形序列将它们连接起来，使得每两个相邻的三角形都有公共边(即要求强连通性)。

就称这个三角形组是该曲面的一个三角剖分。

若将其中条件(2)换成(2′)：

(2′)每一条棱至少是一个三角形的边，至多是两个三角形的公共边(即要求曲面无分叉，但可以有边缘)，则对于以封闭曲线为边缘的曲面也可以讨论三角剖分。

对于能剖分成多边形的曲面(无论是封闭的或是有边缘的，单侧的或双侧的)，三角剖分只是它的一种特殊的剖分方式，而且总是可以实现的。

一个曲面的三角剖分不是唯一的。例如，正四面体，正八面体，正 20 面体(见图 5.1(a)(b)(c))的表面多面形，都可以作为球面的三角剖分。

曲面的三角剖分也可以在表示曲面的多边形上进行。例如，图 14.9 中的 5 个图分别表示(a)环面、(b)射影平面、(c)克莱因瓶、(d)圆柱面和(e)莫比乌斯带的一种三角剖分。这里需要注意的是：一个图中同一标号的点表示曲面上的同一个点，两个端点分别相同的线段表示曲面上的同一条线段，因为形成曲面时这两条线段要按相同的顶点顺序互相黏合。例如，图 14.9(b)中圆周上同时标为 45 的两段弧，需按从 4 到 5 的方向黏合成一条弧。容易验证，前三个图中的剖分满足要求(1)(2)(3)；后两个图中的剖分满足要求(1)(2')(3)。

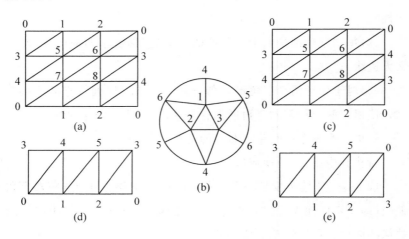

图 **14.9**

我们通过一个曲面的三角剖分，可以很容易地计算出它的欧拉示性数。只需在该曲面的三角剖分图上数一数不同顶点的个数(V)，不同棱的条数(E)及不同三角形的个数(F)，由 $V-E+F$ 即可得该曲面的欧拉示性数。例如，由图 14.9(d)圆柱面的三角剖分可数得 6 个不同顶点(标有相同数字的顶点是同一点)，不同的棱 12 条(端点同为 0，3 的两条棱是同一条棱)，不同的三角形 6 个，即 $V=6$，$E=12$，$F=6$，于是得到圆柱面的欧拉示性数为

$$6-12+6=0。$$

同样，由图 14.9(e)中的三角剖分可得莫比乌斯带的欧拉示性数也是 $6-12+6=0$。由图 14.9(a)(c)中的三角剖分可得环面和克莱因瓶的欧拉示性数都是 $9-27+18=0$。由图 14.9(b)中的三角剖分可得射影平面的欧拉示性数是 $6-15+10=1$。

　　我们不仅可以通过三角剖分来计算曲面的欧拉示性数，而且还可以通过三角剖分来讨论曲面的定向问题。

　　我们在§13中介绍莫比乌斯带是单侧曲面时，曾经给出曲面可定向的定义。按照定义，需要在曲面上画满小圆，并规定每个小圆周的环绕方向，检验是否可以使任意两个相邻的圆周都有相同的环绕方向。若可以，则是可定向的，若不可以，则是不可定向的。用这个方法，说明了莫比乌斯带是不可定向的，即单侧的。但用这个方法直接检验射影平面和克莱因瓶的不可定向性（单侧性）就不那么方便了。现在我们用曲面的三角剖分来解决这个问题。

　　已知曲面的一个三角剖分，给每个三角形规定一个方向，用顶点的顺序来表示，于是该方向在每一个边上决定（或诱导）一个方向。若在每一个三角形上规定的方向，能使所有相邻的两个三角形上的方向在其公共边上诱导的方向相反，就称这些三角形的方向是协合的。如果对于曲面的一个三角剖分，能指定协合的方向，就说该曲面是可以定向的，否则是不可定向的。一个曲面是否可定向，是该曲面的拓扑性质，不依赖于特殊的三角剖分。例如图 14.10 是圆盘的一个三角剖分。在三角形 S_1 上，指定方向 012（即沿着从 0 到 1 再到 2 的方向），该方向在边 p_1 上诱导的方向是 01（即从 0 到 1），在 p_2 和 p_3 上诱导的方向分别是 12 和 20。在三角形 S_2 上，指定方向 023，该方向在边 p_3 上诱导的方向是 02。这说明在三角形 S_1 和 S_2 上指定的上述方向，在 S_1 和 S_2 的公共边 p_3 上诱导的方向相反，这就是一组协合的方向，因此圆盘是可以定向的（即双侧的）。

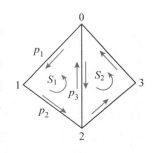

图 14.10

从图 14.10 可以看出，具有协合方向的要求，其实与相邻的三角形沿各自的周线有相同的环绕方向的要求是一致的。因此，若把三角形改成圆，上述定义就跟 §13 的定义一致了。

现在由图 14.9(e)莫比乌斯带的三角剖分，看看能否在其上给出一组协合的方向。这个剖分包含 6 个顺次相邻的三角形。若在三角形 Ⅰ 上指定方向 304，如图 14.11(a)所示，为了使得在三角形 Ⅰ 与 Ⅱ 的公共边上诱导相反的方向，我们在 Ⅱ 上必须指定方向 401。同样在 Ⅲ 上必须指定方向 415，对 Ⅳ 必须指定方向 512，对 Ⅴ 必须指定方向 520，对 Ⅵ 必须指定方向 023，但这样，在 Ⅵ 与 Ⅰ 的公共边上诱导的方向都是 30，说明这组方向不是协合的。为了使得在 Ⅵ 与 Ⅰ 的公共边上诱导的方向相反，我们只能改变 Ⅰ 的方向，指定 Ⅰ 的方向为 340，如图 14.11(b)所示。

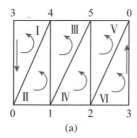 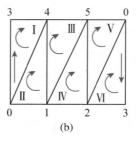

(a)   (b)

图 **14.11**

为了协合，三角形 Ⅱ 的方向也必须改变，同样，三角形 Ⅲ Ⅳ Ⅴ 的方向也都必须改变，最后三角形 Ⅵ 的方向也必须改变，即取方向为 203，这样，在 Ⅵ 与 Ⅰ 的公共边上，仍然诱导出相同的方向，说明这组方向也不是协合的。这就说明了从三角形 Ⅰ 开始，不管取哪一种方向(只有两种不同的方向)，都得不到协合的方向，因而莫比乌斯带是不可定向的，即单侧的。

　　同样的方法，对图 14.9(b)和图 14.9(c)，可以说明射影平面和克莱因瓶也都是不可定向的(单侧的)。

　　下面我们来讨论闭曲面的最小三角剖分，即对于一个闭曲面的三角剖分，最少需要几个顶点、几条棱和几个三角形。

　　设 Q 是一个闭曲面，它的一个三角剖分有 V 个顶点，E 条棱和 F 个三角形。欧拉示性数为 $\chi(Q)$，则

$(1) 3F = 2E;$ (14.1)

$(2) E = 3(V - \chi(Q));$ (14.2)

$(3) V \geqslant \dfrac{1}{2}(7 + \sqrt{49 - 24\chi(Q)})。$ (14.3)

　　证　因为每一个三角形有 3 条边，F 个三角形共有 $3F$ 条边。但每一条边恰是两个三角形的公共边，即每个边都被计算两次，所以有(14.1)$3F = 2E$。

　　由欧拉示性数 $\chi(Q) = V - E + F$ 及(14.1)，得 $\chi(Q) = V - E + \dfrac{2}{3}E$，因此有(14.2)$E = 3(V - \chi(Q))$。

　　注意到一个闭曲面的任意三角剖分，边的个数不能多于每两个顶点相连所得线段的条数，即 $E \leqslant C_V^2$(这是因为两个顶点之间最多只能有一条棱，若有两条连线段，按形成曲面的规定，它们应该表示曲面上的同一条棱，例如图 14.11(a)中的两个 03 实际是一条棱。但可以有两点之间没有棱，例如图 14.11(a)中的 1 和 3 之间就没有连线段，因此没有棱。所以 $E \leqslant C_V^2$)。C_V^2 表示 V 个顶点中每次取两个的组合数 $C_V^2 = \dfrac{V(V-1)}{2}$。将(14.2)代入，得

$$3(V - \chi(Q)) \leqslant \dfrac{V(V-1)}{2}，\quad 即 \ V^2 - 7V + 6\chi(Q) \geqslant 0，$$

$$V \leqslant \frac{1}{2}(7 - \sqrt{49 - 24\chi(Q)})，或 V \geqslant \frac{1}{2}(7 + \sqrt{49 - 24\chi(Q)})。$$

由于一个闭曲面的任意三角剖分，顶点个数不能少于 4 个，所以上面两个表达式的根号前只能取＋号，因此得

$$(14.3)V \geqslant \frac{1}{2}(7 + \sqrt{49 - 24\chi(Q)})。$$

例 1　决定球面 S^2 的最小三角剖分。

解　由 $\chi(S^2) = 2$，得 $V \geqslant \frac{1}{2}(7 + \sqrt{49 - 24\chi(S^2)}) = 4$，

$$E = 3(V - \chi(S^2)) \geqslant 6，\qquad F = \frac{2}{3}E \geqslant 4。$$

因此，我们得到，球面的任意一个三角剖分，至少必须有 4 个顶点，6 条边，4 个三角形。四面体的表面就是它的一个最小三角剖分。

§14.4　闭曲面的拓扑分类

将一组图形进行拓扑分类，就是按图形是否同胚将其归类，我们在 §3 曾经对 26 个英文字母表示的图形，进行过拓扑分类：把同胚的图形归为一类，不同胚的图形归入不同的类。分类要求"不重不漏"，即每一个对象，必须属于一类，而且只属于一类。

闭曲面的拓扑分类定理，是曲面拓扑学的一个基本定理，它是 19 世纪由德国数学家莫比乌斯和法国数学家约当得到的。所谓闭曲面的拓扑分类，就是给出闭曲面的一个序列，使得序列中的闭曲面，两两互不同胚，并且任一个闭曲面，必同胚于序列中的某一个闭曲面。换句话说，就是要列举出所有互不同胚的闭曲面。

我们在上一章曾经介绍过把在球面上挖一个洞，然后在洞的边缘黏合一个环柄的手续，叫作在球面上安装一个环柄。于是得

到：安装了一个环柄的球面，同胚于环面；安装了两个环柄的球面，同胚于双环面，它们都是双侧曲面，即可定向曲面。

还介绍过把在球面上挖一个洞，然后在洞的边缘黏合一个莫比乌斯带的手续，叫作在球面上安装一个莫比乌斯带。于是得到：安装了一个莫比乌斯带的球面，同胚于射影平面；安装了两个莫比乌斯带的球面，同胚于克莱因瓶，它们都是单侧曲面，即不可定向曲面。

我们用 P_k 表示安装了 k 个环炳的球面，用 N_q 表示安装了 q 个莫比乌斯带的球面，则曲面序列 P_1，P_2，P_3，$\cdots$，P_k，$\cdots$给出了可定向的闭曲面的完全的拓扑分类；曲面序列 N_1，N_2，N_3，$\cdots$，N_q，$\cdots$给出了不可定向的闭曲面的完全的拓扑分类。

也就是说，把上述两者合起来，可得：闭曲面序列 P_1，P_2，P_3，$\cdots$，P_k，$\cdots$，N_1，N_2，N_3，$\cdots$，N_q，$\cdots$已经列举尽了所有不同胚的闭曲面。

首先，这个序列中的任何两个闭曲面是互不同胚的。这是因为闭曲面 P_k 的欧拉示性数为 $\chi(P_k)=2-2k$（证明留作习题），所以序列 P_1，P_2，P_3，$\cdots$，P_k，$\cdots$中的任何两个闭曲面的欧拉示性数不等，因而它们是不同胚的；同样，因为闭曲面 N_q 的欧拉示性数为 $\chi(N_q)=2-q$（证明留作习题），所以序列 N_1，N_2，N_3，$\cdots$，N_q，$\cdots$中的任何两个闭曲面的欧拉示性数不等，因而它们的也是不同胚的；再有，序列 P_1，P_2，P_3，$\cdots$，P_k，$\cdots$中的每一个闭曲面都是可定向（即双侧）的，而序列 N_1，N_2，N_3，$\cdots$，N_q，$\cdots$中的每一个闭曲面都是不可定向（即单侧）的，因此，序列 P_1，P_2，P_3，$\cdots$，P_k，$\cdots$中的任何一个闭曲面和序列 N_1，N_2，N_3，$\cdots$，N_q，$\cdots$中的任何一个闭曲面都不同胚。

其次，任取一个闭曲面，若是可定向的，则必同胚于一个安装了若干个环柄的球面 P_k，若是不可定向的，则必同胚于一个安装了若干个莫比乌斯带的球面 N_q（对于同时安装环柄和莫比乌斯带的情形，我们有结果：同时安装 p 个环柄和 $h(h \geqslant 1)$ 个莫比乌斯带的球面，相当于安装了 $2p+h$ 个莫比乌斯带的球面）。上述结果的证明比较复杂（此处略去），作者的另一本书《直观拓扑》（附录 3）①中收录了一个用"剪剪拼拼"的初等方法给出的证明。

上述分类定理告诉我们，闭曲面的欧拉示性数和可否定向二者合在一起是闭曲面进行拓扑分类的标志，即两个闭曲面是同胚的，当且仅当它们的欧拉示性数相等，且同为可定向的或同为不可定向的。

球面安装环柄的个数 k，也叫作可定向闭曲面的亏格，球面安装莫比乌斯带的个数 q，也叫作不可定向闭曲面的亏格。

习题 10

1. 证明对于安装了 k 个环柄的球面 P_k，它的欧拉示性数 $\chi(P_k)=2-2k$，对于安装了 q 个莫比乌斯带的球面 N_q，它的欧拉示性数 $\chi(N_q)=2-q$。

2. 证明环面是可定向的，而射影平面是不可定向的（可利用图 14.8(a)(b)给出的三角剖分来证明）。

3. 决定射影平面的最小三角剖分。

4. 决定环面的最小三角剖分，并具体做出一个这样的最小三角剖分。

5. 试给出两个闭曲面，它们有相同的欧拉示性数，但不同胚。

---

① 王敬赓. 直观拓扑(第 3 版). 北京：北京师范大学出版社，2010：124-132.

§15. 纽结和链环及其同痕

　　魔术师双手拿着一根线绳，先打了一个结，不拉紧，如图
15.1(a)，接着再打一个结，也不拉紧，如图 15.1(b)。魔术师担
心这个结不太结实，于是就来加固它。他将绳头从第一个结中穿
了一下，如图 15.1(c)，接着又在第二个结中再穿一下，如图 15.1
(d)。魔术师向观众示意，现在这个结总该结实了，他要把绳子拉
紧看看如何，谁知他两手一拉绳，绳上打好的结竟全部消失了，
神奇无比。这是《绳圈的数学》一书中表演的一个魔术。《绳圈的数
学》是我国著名拓扑学家姜伯驹院士撰写的(湖南教育出版社 1991
年出版)，本章和下一章的内容主要是参考姜先生这本书编写的，
本书作者在此向姜先生致谢。

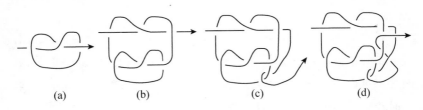

(a)　　　　(b)　　　　(c)　　　　(d)

图 15.1

　　如果我们把图 15.1(d)中的线绳的两端捻在一起，得到一个绳
圈，如图 15.2。上述小魔术不是通常的那种魔术师运用障眼法骗
人的把戏，而是包含有数学原理，说明这个绳圈表面上看起来很
复杂，绕来绕去，令人眼花缭乱，其实却可以变成一个再简单不
过的没有打任何结的圆圈。

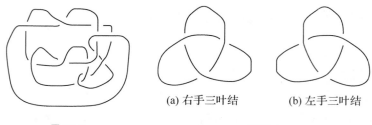

(a) 右手三叶结　　　　(b) 左手三叶结

图 15.2　　　　　　　　　　图 15.3

　　要知道，并不是所有的复杂的绳圈，都能变成一个再简单不过的没有打任何结的圆圈的。那么，上述这个复杂的绳圈（图 15.2）是怎样变成圆圈的？再看比它简单得多的两个绳圈：图 15.3（a）右手三叶结和图 15.3（b）左手三叶结，它们能不能变成圆圈？这两个绳圈能不能互变？怎样证明呢？研究这些问题，属于绳圈拓扑学的范畴。绳圈拓扑学专门研究绳圈在连续变形下不变的性质。本章和接下来的 §16 将对此作简略的介绍。

§15.1　纽结和链环

　　自古以来，绳子打结用途就极广。不仅水手和搬运工人会打得一手好结，人们在日常生活中，也离不开各种打结。用于装饰，绳圈也可以构成很多极其优美的图案造型，从古老吉祥的中国结，到时代感极强的申奥五环标志，无不让人赏心悦目。如图 15.4。

　　数学家们直到 19 世纪才开始从数学上研究绳结。他们只关心绳结的几何形状，而且规定打完结的绳子的两端要捻在一起，成为绳圈，因为否则总可以将打好的结解开。

　　在数学上，我们把三维空间中的简单闭曲线叫作纽结。所谓简单闭曲线，就是连通的（连成一体的）、封闭的（没有端点的）、不自交的（自己与自己不相交的，即没有粘连的）曲线。绳圈就是

设计援外建筑物标识

北京申奥标志

中国结

图 **15.4**

纽结的模型。

　　没有打结的圆圈也是一个纽结，称为平凡结。

　　最简单的纽结还有右手三叶结(如图 15.3(a))和左手三叶结(如图 15.3(b))。

　　方结(如图 15.5)结实牢靠不易散开，深受水手们的喜爱，称它为海员结，医生称它为外科结。而另一种和方结近似的结(如图 15.6)，却容易松散，称为易散结(或懒散结)，水手们都蔑称它为"婆婆结"，难怪海员用的书上，在这个结旁边要画一个醒目的骷髅！

图 **15.5** 方结　　　　　　　　图 **15.6** 易散结

　　纽结和纽结之间还可以互相勾连套扣，生活中常见的铁链、钥匙链等就是。在数学上，我们把由有限多条互不相交的简单闭曲线构成的空间图形，称为链环。组成链环的每一条简单闭曲线称为该链环的一个分支。因此也可以说，由有限多条互不相交的纽结构成的空间图形，称为链环。组成链环的每一个纽结称为该链环的一个分支。这样，纽结也是一个链环，是只有一个分支的链环。常见的奥运会徽上的五环标志（如图 15.7），就是一个有 5 个分支的链环。可以放在同一个平面上的若干个互不相交的圆圈组成的链环称为平凡链。

奥林匹克五环标志

图 15.7

例 1　具有两个分支的链环

图 15.8 是由平面上的两个不交的圆圈组成的平凡链。图 15.9 是霍普夫（Hopf）链，它是由互相套在一起的两个圆环组成的所有图形中最简单的一个。图 15.10 是怀特海德（Whitehead）链，它的两个环并没有被连接起来，但它们分不开。

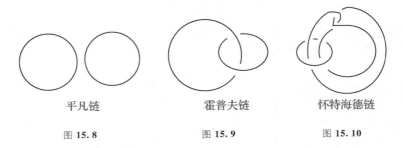

平凡链　　　　　霍普夫链　　　　怀特海德链

图 15.8　　　　　图 15.9　　　　　图 15.10

例 2　具有 3 个分支的链环

图 15.11 是由平面上 3 个不交的圆圈组成的平凡链。图 15.12 是鲍罗曼（Borromean）环，它的所有三个环都连在一起，但只要切断其中任何一个环，就会解开其余两个环。

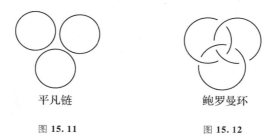

平凡链　　　　　　　　　鲍罗曼环

图 15.11　　　　　　　　图 15.12

纽结和链环，作为绳圈可以在空间中自由地连续变形，但不许剪断，也不许黏合。如果一个纽结（或链环）能经过这种移位变形变成另一个，我们就称这两个纽结（或链环）是等价的，或同痕的，或者干脆说成是相同的。纽结理论的基本问题是：任给一个纽结（或链环），怎样判断它是不是平凡的？任给两个纽结（或链环），怎样识别它们是不是同痕的？也就是说，寻找区分纽结的数学方法是纽结理论的主要课题。

我们如何在平面上画出空间纽结的图形呢？为了使得画出的纽结图形的各段曲线在空间交叉穿越的情况一目了然，我们选择一个合适的投影方向，把空间中的这个简单封闭曲线投影到平面上，所得投影曲线可以自己相交，我们不妨假定投影曲线(1)只有有限多个重叠点（即没有两节线段重合），(2)只有二重交点，（即没有任何三节线段交于同一点），(3)在每一个二重点处，上下两线的投影都是互相穿越交叉的，即没有相切（相交而不穿越）的情形。也就是说我们要求投影图不能出现图 15.13 中所示的三种情况。这是可以办到的，必要时只需把某节线段稍稍挪动一下即可。我们约定：在画纽结的投影图时，在投影曲线的每个二重点处，把从下面穿过的曲线断开，这样得到的直观图样，称为该纽结的正规投影图，简称投影图。实际上，我们前面介绍各个纽结和链环时，用的就是它们的投影图。由于纽结和链环由它们的投影图完全决定，因此，我们就通过投影图来研究它们。

两节线段重合　　　三节线段交于同一点　　　相切(相交而不穿越)

图 **15.13**

右手三叶结和左手三叶结是纽结中最常见的图形。今后，我们在讨论各种问题时，经常会以右手三叶结和左手三叶结为例。那么，如何通过投影图来判别一个三叶结是右手三叶结还是左手三叶结呢？给组成三叶结的曲线任意指定一个前进方向，在任一个交叉点处，我们将大拇指向上与四指分开，观察从上线的前进方向旋转到下线的前进方向，若与我们的右手从并拢的四指转到掌心的转动方向一致，就是右手三叶结；若与我们的左手从并拢的四指转到掌心的转动方向一致，就是左手三叶结(如图 15.14)。或者说，给曲线任意指定一个前进方向，在每个交叉点处，观察从上线的前进方向旋转到

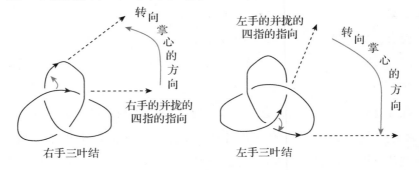

右手三叶结　　　　　　　　　左手三叶结

图 **15.14**

下线的前进方向经过的最小转角，若是逆时针方向的，就是右手三叶结；若是顺时针方向的，就是左手三叶结。

§ 15.2　判断两个纽结相同(同痕)

我们知道，平面上的任意一条简单闭曲线，因为它自己和自己不相交，因此总可以连续地变形为一个圆圈。于是我们得到，能放在平面上的一个纽结一定同痕于平凡结，或者就说它一定是一个平凡结。同样，能放在平面上的一个链环一定同痕于平凡链，或者就说它一定是一个平凡链。

对于不能放在一个平面上的纽结和链环，我们如何来判别它们呢?

我们先弄清楚绳圈在空间的移位变形如何在其投影图上反映出来。明显地我们允许投影图作平面变形，即我们把投影图所在的平面看成是橡皮薄膜做成的，当平面作连续变形时，画在上面的投影图，不会改变它所表示的纽结。例如，图 15.15 中的两个投影图表示的纽结相同。

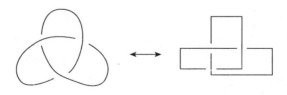

图 **15.15**

在 20 世纪 20 年代德国数学家瑞德迈斯特(Reidemeister)引入了作用在纽结投影图上的三种初等变换，如图 15.16 所示，分别记为 R1——消除或添加一个叠置的圈；R2——消除或添加一个叠置的两边形；R3——三角形变换。

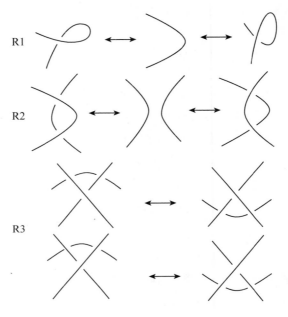

图 15.16

要特别提请注意的是，上述三种初等变换只是在投影图的局部进行的，除画出的这些线外，不能有其他的线介入。例如，图15.17 所画的图形就不是一个合法的 R1 变换。正确的画法应该是，先经过一个 R3 变换，再经过一个 R1 变换，如图 15.18 所示，所得结果与图 15.17 所得结果是不同的。

图 15.17

图 **15.18**

显然上述三种初等变换都可以通过绳子的移动来实现。瑞德迈斯特断言，如果空间中的一个纽结（或链环）可以经过绳圈的移位变形变成另一个，那么这个纽结的投影图一定可以通过一连串的初等变换，以及平面变形变成另一个纽结的投影图。

两个投影图，如果从一个出发，经过一连串的初等变换 R1，R2，R3 以及平面变形，能得出另一个，我们就称这两个投影图是等价的或同痕的。我们将通过判断投影图的同痕来判断纽结（链环）的同痕，即两个纽结（链环）是同痕的，当且仅当通过初等变换以及平面变形可使它们的投影图变得相同。

图 15.19 证明了纽结（a）（b）（c）（d）都是同痕的，且都是平凡结。

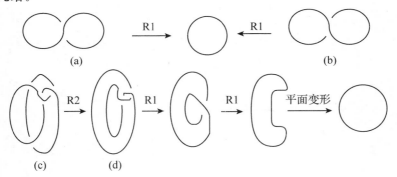

图 **15.19**

初等变换 R1，R2，R3 是绳圈变形中分解出的最基本的步骤，实际变形时步子可加大。例如图 15.20 中的阴影方块表示任意图形，在变形时，可将它作为整体保持不动，而让线段从它上面或下面越过去，这样变形效率要高得多。之所以要分解成最基本的 R1，R2，R3，是为了使证明某些量是变形下的不变量容易些。

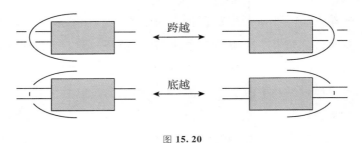

图 **15. 20**

例 **3**　图 15.21 中上方的两个纽结(a)和(b)是同痕的。变形的过程见图 15.21(为了看清变形的过程，同一条线段变形前后标以同一个号码)。

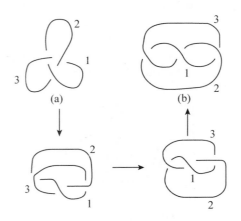

图 **15. 21**

例 4　图 15.22 中上方的两个链环(a)和(b)是同痕的。变形的过程见图 15.22(为了看清某条线段是如何变化的，我们用同一个号码来表示变形前后的同一条线段)。

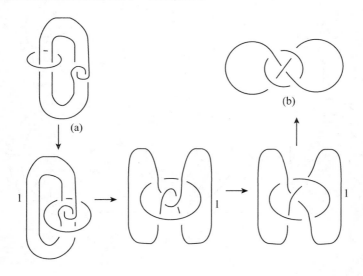

图 **15.22**

例 5　图 15.23 中上方的三个纽结(1)(2)(3)是同痕的。证明过程是(1)→(2)，(2)→(3)，(3)→(1)(具体变形的过程见图 15.21，变形过程中，同一条线段变形前后标以同一个英文字母)。

现在我们来看本章开头的那个小魔术。原来魔术师做出的那个纽结，它的投影图(图 15.24 中的左上图)经过几次初等变换及平面变形，很快就变成了一个圆圈，变化过程见图 15.24。

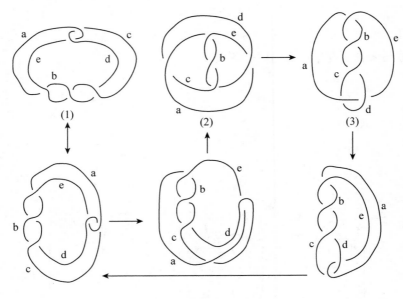

图 15.23

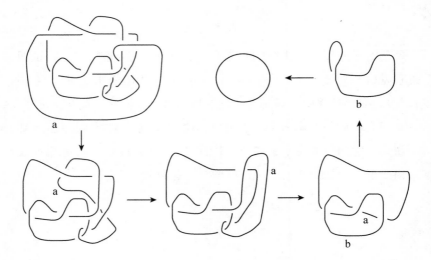

图 15.24

　　图 15.25 中上方的两个纽结，人们原以为它们是不同的，并已经将它们列入 1899 年出版的纽结表中。经过 75 年以后，才有人发现原来它们是同痕的。图 15.25 中列出了变形的具体过程（每一步变形是把图中粗实线移到粗虚线的位置）供读者欣赏。对这两个纽结进行仔细的观察比较，发现有 3 条线段位置不同，于是，每步移动一条线段，共经三步，就把一个变成另一个了。

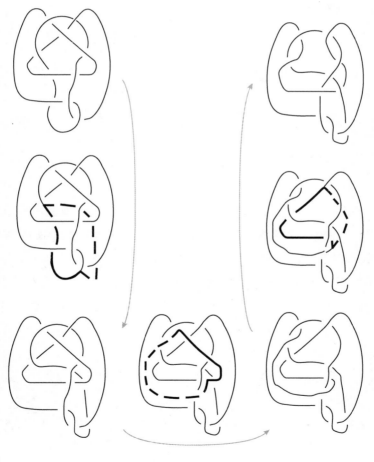

图 15. 25

　　1985 年人们已经知道图 15.26 中的这两个纽结是同痕的。如果你已经对证明两个纽结同痕产生了兴趣，并且自信自己已经掌握了变形的基本方法，即对上面刚刚证明同痕的两个纽结，合上书，你自己也能独立地分三步把一个变成另一个，那么你就可以向自己的能力发起挑战，仔细观察比较图 15.26 中的这两个纽结的异同，分步骤，一步一步地把一个变成另一个，动手试着画一画吧！祝你挑战成功。

图 **15.26**

§15.3　镜像问题

　　镜像问题是纽结理论中的一个重要问题。纽结（或链环）L 的镜像是 L 在镜子中的像 L^*。我们设想把镜子放在画投影图的纸面，那么只需把 L 的投影图上的每个交叉点处的上线改作下线，下线改作上线，其他不动，就得到 L^* 的投影图了。例如，由右手三叶结和怀特海德链立刻可得它们的镜像左手三叶结和反怀特海德链（如图 15.27 和图 15.28）。

右手三叶结　　　左手三叶结　　　　怀特海德链　　　反怀特海德链

图 **15.27**　　　　　　　　　　　图 **15.28**

如果纽结(或链环)L 不与它的镜像 L^* 同痕，我们就称 L 是有手性的，反之，如果纽结(或链环)L 与它的镜像 L^* 同痕，我们就称 L 是无手性的。镜像问题是问：任给一个纽结或链环，怎样判断它是否有手性？本章习题(习题 11)第 1 题中的两个最简单的圈套是互为镜像的，习题证明它们是同痕的。即说明这个最简单的圈套是无手性的。可以证明 8 字结(如图 15.29(a))和它的镜像(如图 15.29(b))同痕，即 8 字结是无手性的(证明过程见图 15.29，图中第 1 步是将图形旋转 $180°$)。

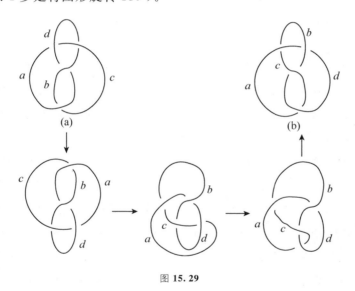

图 **15.29**

"手性"这个词来自物理学。左手和右手互为镜像，但形状有本质的差别，左手的手套和右手的手套是不一样的。所以物理学家就把与其镜像有本质区别的东西说成是"有左右手之别的"，即有手性的；而把与其镜像基本相同的东西说成是"不分左右手的"，即无手性的。由于自然界中，有许多物理现象、化学现象、生物现象都与手性有关，像 DNA 的双螺旋结构，就区分左旋和右旋；对一些化合物的分子结构而言，原子在空间中的排列方式也涉及手性，因此手性问题在应用上非常重要。

下面是手性应用中的一个故事：

在制药工业中，就发生过一次与手性有关的大事。有一种缓解妇女怀孕期间妊娠反应的人工合成药物（中文药名叫"反应停"）这种药在投入使用之后，却导致出现不少畸形胎儿，造成极其严重的医疗事故，后来人们才了解到造成事故的原因是，这种药的分子结构带有手性，左旋的分子具有镇静作用，而右旋的分子却是畸形胎儿的祸因。我们日常用的青霉素也同样具有手性，只是无药效的那部分手性的分子副作用比较轻而已。正因为如此，医药工业就必须找办法对这类药物进行左、右手性的区分，并且去掉那些带副作用手性的分子。在早期，人工合成时两种手性的分子总是同时产生，并混杂在一起，人们只能先两种都生产，然后想办法尽量把有用的那一半挑选出来，挑的过程是进行多次提纯，把另外那一半完全去掉，这样做成本相当高。2001 年诺贝尔化学奖的三位得主（William S. Knowles，K. Barry Sharpless 及日本人野依良治）的获奖工作就是手性化学反应——他们研究出一种特殊的催化剂，使得在合成反应的过程中，专门生产出带有有用手性的那部分分子，省却了分拣与提纯的过程，从而大大降低了药物的生产成本。

上述这个故事是姜伯驹院士《在拓扑学中的手性——拓扑学与化学结缘》一文的"引言"里告诉我们的。想进一步了解手性及有关应用的读者可参见这篇论文。该文收录在姜伯驹等著《数学走进现代化学与生物》一书中（科学出版社，2007 年版）。

习题 11

1. 试用初等变换 R1，R2 和 R3 证明下列这两个最简单的圈套是同痕的。

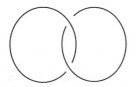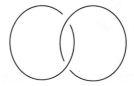

图 15.30

2. 证明下列纽结是平凡的。

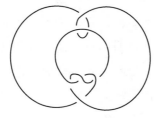

图 15.31

§16. 几个同痕不变量

§16.1 几个最简单的同痕不变量

要判断两个纽结是否同痕，当你试了很多很多次也未能找到一种移动线段的方法，可以把一个纽结的投影图变成另一个纽结的投影图时，你能断言它们是不同痕的吗？你现在没有找到，也许以后你能找到呢，你没有找到，也许别人能找到呢，只有当你确定不可能找到时，才能断言它们是不同痕的。可见，用找出变动线段的方法只能用来证明同痕，而不能用来证明不同痕，证明不同痕需要另想办法。为此，数学家们提出了另一种证明不同痕的思路和方法——关于不变量的方法。回想我们在§2中，说关于两个图形不同胚的证明时，曾经介绍过这种不变量的方法。

我们把纽结或链环在变形时不改变的性质称为纽结或链环的不变量。由于纽结或链环的同痕本质上是通过其投影图的三种初等变换来实现的，因此，我们可以进一步具体说，纽结或链环的投影图在初等变换 R1，R2，R3 下保持不变的性质，称为投影图的同痕不变量。既然同痕的纽结或链环的投影图可以经过一连串的初等变换互相变来变去，那么它们就应该有相同的同痕不变量。这样，如果两个纽结（或链环）有某个同痕不变量不相同，那么就可断言它们一定不同痕（这是因为，如果它们同痕，则同痕不变量必定相同）。于是寻找出既便于计算又有很强的鉴别力的同痕不变量，就成了纽结(或链环)理论的一个主要课题。

现在我们来看几个最简单的同痕不变量。

1. 链环的分支数

组成链环的每一条简单闭曲线称为该链环的一个分支。显然，链环的分支数，即组成链环的简单闭曲线的条数，在投影图的初等变换下是不会改变的，因此它是链环的一个同痕不变量。这样，任意两个分支数不同的链环一定是不同痕的。特别地，任意一个分支数大于 1 的链环与任意一个纽结(所有纽结的分支数皆为 1)一定是不同痕的。但反过来不一定成立，即若两个链环的分支数相等，而它们却不一定同痕。

如何来计算一个链环的分支数呢？一个链环的分支数可以从链环的投影图上计算出来。只要在图上任意取定一点，沿着图向前走，遇到交叉点时向前直走，直到回到出发点时，你就走完了一条完整的闭曲线，简称走了一圈儿，记下圈数 1；对于未走过的部分如法继续进行，直到所有图形全都走遍，你就得到了组成这个链环的圈儿的总数，即该链环的分支数。用这种方法，不管多么复杂令人眼花缭乱的投影图，也能轻而易举地计算出它的分支数。

链环的分支数虽然是链环的一个同痕不变量，但它的鉴别力很弱，它不能对不平凡的纽结加以区分，因为所有的纽结的分支数都相同，它们全都等于 1。

2. 投影图的三色性

投影图的三色性是投影图的一个同痕不变量。一个投影图称为三色的，如果图中的每一条线段可以涂成红、黄、蓝三色中的一种颜色，使得在每个交叉点处的三条线段(一条上线段和两边的两条下线段)颜色各异或者全都相同，且规定不允许所有的线段都涂成同一种颜色，但允许三种颜色不用全。

一个没有打结的圆圈，由于它的投影图只由一条线段组成，所以只能全部涂成一种颜色，因此它不具有三色性，即平凡结不是三色的。有两个分支的平凡链，它的投影图由两个互相分离且没有打结的圆圈组成，因此只要将这两个圆圈各涂成一种颜色，即符合三色性的要求，所以它是三色的。一般地，除了平凡结(不打结的一个圈儿)以外的所有平凡链都是三色的。

可以证明投影图的三色性是投影图的一个同痕不变量，即证明它在投影图的初等变换 R1，R2，R3 和平面变形下是不会改变的，证明留给读者作为练习。

我们可以用三色性来证明右手三叶结不是平凡结，即证明右手三叶结和不打结的单个圆圈不同痕。实际上，右手三叶结是三色的(如图 16.1)，而不打结的单个圆圈不是三色的。因此，凡具有三色性的纽结都不是平凡结。例如方结和易散结，都具有三色性(如图 16.2 和图 16.3)，因此都不是平凡结。但是要注意，上述结论反过来却不对，我们不能说凡是不具有三色性的纽结都是平凡结。例如 8 字结(见图 15.29(a))不具有三色性，但它并不是平凡结(这要靠其他不变量来判别，见§16.2)。

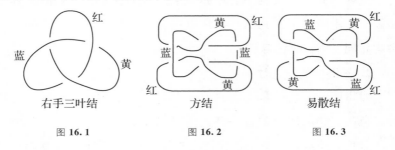

右手三叶结   方结   易散结

图 16.1   图 16.2   图 16.3

一个至少有两个分支的链环，如果不能经过连续变形分成几个互相远离的圆圈儿，我们就称这个链环是不分离的，否则称为可分离的。一个可分离的链环的投影图，一定同痕于一个由互不交叉的几个圆圈拼成的投影图，后面这种投影图称为不连通的投影图，而不连通的投影图一定是三色的，只要将互不交叉的各部分各涂一种颜色，就符合涂色的要求。由于三色性是同痕不变量，因此，可分离的链环的投影图一定是三色的。这样，如果一个链环的投影图不是三色的，我们就可断言它是不分离的，即互相扣连在一起的。这是三色性的另一个用途。例如，我们可以用这种方法证明霍普夫（Hopf）链（如图 15.9）、怀特海德（Whitehead）链（如图 15.10）和鲍罗曼（Borromean）环（如图 15.12）都是不分离的，因而都不是平凡链。（证明留作习题）

3. 有向链环的环绕数

有向链环的环绕数也是一个同痕不变量。

在链环的每一个分支上，指定一个前进的方向，在其投影图上用箭头标出，就称取定了链环的一个走向。具有 m 个分支的链环可以取 2^m 种不同的走向（这是因为每一个分支上可以指定两种不同的前进方向）。我们把取定了走向的链环称为有向链环，未指定走向的链环称为无向链环，它们的投影图分别称为有向投影图和无向投影图。两个有向链环同痕不仅要求两个链环同痕，而且要求它们的走向一致。投影图的初等变换 R1，R2 和 R3 对于有向投影图也有意义，只需在定义它们的图上添上箭头就行了。对于有向投影图，我们可以同样定义同痕和同痕不变量。

如果把一个有向链环 L 的所有分支上的箭头方向全部反转，所得有向链环称为原来有向链环的逆，记为 L^{-1}。一个链环如果取定一个走向后与它的逆同痕，我们就称这个链环是可逆的，否则称它为不可逆的。许多简单的纽结都是可逆的。例如右手三叶结和 8 字结，只要在它上面画上箭头，再翻转一下，就可看出它们是可逆的。对于右手三叶结的可逆性，如图 16.4 所示。不可逆纽结得到证明的第一个例子，是 1964 年才得到的。

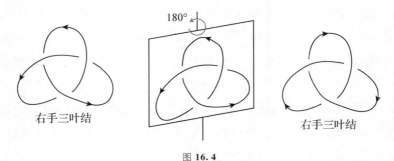

右手三叶结   右手三叶结

图 16.4

任给一个纽结或链环判断它是否可逆？这个问题往往比判断它是否有手性更困难，因为还没有找到可以鉴别它的有效的不变量。本章稍后介绍的琼斯多项式不变量对鉴别手性问题相当有效，但对可逆问题却无能为力。

在有向投影图中，我们规定每个交叉点 P 的正负号 $\varepsilon(P)=\pm 1$，如图 16.5 所示。也就是在每个交叉点处，观察从上线的箭头方向旋转到下线的箭头方向经过的最小转角，若是逆时针方向的，则称该点为正交叉点，取 $+1$；若是顺时针方向的，则称为负交叉点，取 -1。

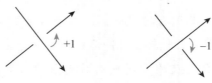

图 16.5

　　按上述定义，易知右手三叶结的投影图的每个交叉点都是正交叉点，而左手三叶结的投影图的每个交叉点都是负交叉点。

　　设 K_1 和 K_2 是有向链环的两个分支，我们定义 K_1 与 K_2 的环绕数 $lk(K_1, K_2)$ 为圈 K_1 与圈 K_2 的交叉点的正负号的总和的一半。注意，这里的交叉点既不包括 K_1 和 K_2 各自的自我交叉点，也不包括 K_1，K_2 与其他分支的交叉点。因为初等变换 R1 只涉及分支的自我交叉点，与环绕数无关；而 R2 和 R3 也明显地不影响环绕数的值，所以环绕数 $lk(K_1, K_2)$ 是同痕不变量。我们用环绕数来衡量两个有向封闭曲线 K_1 和 K_2 互相环绕的程度。任意两个环绕数不同的有向链环一定是不同痕的。但反过来不一定成立，即若两个有向链环的环绕数相等，而它们却不一定同痕。

　　例 1　最简单的圈套，即霍普夫链(取两种不同的走向，如图 16.6(a)(b))。

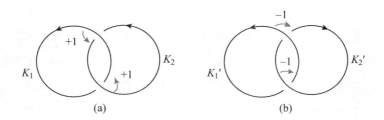

图 **16.6**

$$lk(K_1, K_2) = \frac{1}{2}(1+1) = 1; \quad lk(K'_1, K'_2) = \frac{1}{2}(-1-1) = -1。$$

　　这里 K_1 和 K'_1 方向相同，K_2 和 K'_2 方向相反，可见，当 K_1 和 K_2 之一方向反转时，环绕数改变正负号。这就证明了图 16.6(a) 和图 16.6(b) 不同痕。由于上述最简单的圈套无论取怎样的走向，其环绕数总等于 +1 或 −1，而平凡的双分支链环(由两个分离的圆圈

组成)无论取怎样的走向，其环绕数总等于 0，因此它们是不同痕
的，这又一次证明了最简单的圈套(即霍普夫链)不是平凡的双分
支链环，即上述最简单的圈套是套在一起拉分不开的。

例 2　怀特海德(Whitehead)链(取
定一个走向如图 16.7)。

环绕数为

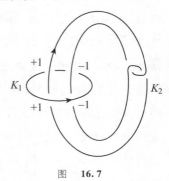

$$lk(K_1,\ K_2) = \frac{1}{2}(1+1-1-1) = 0.$$

我们已经用三色性证明了怀特海德
链是不平凡的(见习题)，但它的环绕数
也为 0。再一次说明，两个有向链环的
环绕数相等并不一定同痕。

图　16.7

§16.2　琼斯的多项式不变量

到现在为止，我们用来判断两个纽结或链环不同痕的方法还
很少，连最常见最普通的右手三叶结和左手三叶结是不是不同痕，
都无法判断。为了能判别它们，我们还需要更强有力的不变量。

1984 年新西兰数学家琼斯(Jones)发现了一个新的同痕不变
量——琼斯多项式，它能识别左、右手三叶结，从而为研究纽结
和链环的手性提供了强有力的工具。琼斯多项式的发现，是纽结
理论研究上的又一次重大突破，并推动了 20 世纪 80 年代数学的发
展，为此，四年一度的世界数学家大会 1990 年在日本京都举行
时，授予琼斯菲尔茨奖，这在数学界相当于诺贝尔奖。

我们把琼斯多项式写成如下定理：

存在一个对应 V，把每个有向投影图 L 联系上 t 的多项式

$V(L)$，这里说的多项式是指有限多个形如 $a_i t^k$ 的项的和，系数 a_i 是整数，t 的方幂 k 可以是整数，也可以是半整数，如 $\pm\frac{1}{2}$，$\pm\frac{3}{2}$……满足以下三个条件：

1. 同痕不变性

如果有向投影图 L 和 L' 互相同痕，那么它们所对应的多项式相等，即 $V(L)=V(L')$。

2. 拆接关系式

$$t^{-1}\cdot V(\nearrow\!\!\!\nwarrow)-t\cdot V(\nwarrow\!\!\!\nearrow)=(t^{\frac{1}{2}}-t^{-\frac{1}{2}})\cdot V(\asymp)$$

其中 $\nearrow\!\!\!\nwarrow$，$\nwarrow\!\!\!\nearrow$，$\asymp$ 代表三个几乎完全一样的有向投影图，只是在某个交叉点附近有这里所画出的不同形状。

3. 标准值

平凡结 ⟲ 所对应的多项式是

$$V(\bigcirc)=1。$$

我们称 $V(L)$ 为 L 的琼斯多项式。

应用上述性质 1，2，3 我们可以容易地计算出一些常见的纽结和链环的琼斯多项式。

例 3 计算平凡链的琼斯多项式。

解 对于具有两个分支的平凡链，我们把拆接关系式用于图 16.8 中的三个投影图，前两个都是平凡结，于是得

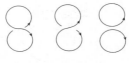

图 **16.8**

$$t^{-1} \cdot 1 - t \cdot 1 = (t^{\frac{1}{2}} - t^{-\frac{1}{2}}) \cdot V\left(\bigcirc\ \bigcirc\right),$$

从而得

$$V\left(\bigcirc\ \bigcirc\right) = -(t^{-\frac{1}{2}} + t^{\frac{1}{2}})。$$

记 $\delta = -(t^{-\frac{1}{2}} + t^{\frac{1}{2}})$，反复使用上述方法可得：若投影图 L 由 n 个互不交叉的圆圈组成，即 L 是具有 n 个分支的平凡链，则

$$V(L) = \delta^{n-1}。$$

例 4   计算简单圈套（即霍普夫链）的琼斯多项式。

解   把拆接关系式用于图 16.9 中的三个投影图，左边的是正的简单圈套，中间的是有两个分支的平凡链，右边的是平凡结，于是有

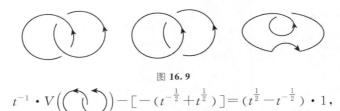

图 16.9

$$t^{-1} \cdot V\left(\bigcirc\!\!\bigcirc\right) - \left[-(t^{-\frac{1}{2}} + t^{\frac{1}{2}})\right] = (t^{\frac{1}{2}} - t^{-\frac{1}{2}}) \cdot 1,$$

从而得

$$V\left(\bigcirc\!\!\bigcirc\right) = -t^{\frac{1}{2}} - t^{\frac{5}{2}}。$$

把拆接关系式用于图 16.10 中的三个投影图，左边的是有两个分支的平凡链，中间的是负的简单圈套，右边的是平凡结，于是可计算出

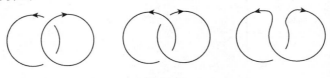

图 16.10

$$V\left(\text{⬯⬯}\right) = -t^{-\frac{5}{2}} - t^{-\frac{1}{2}}。$$

这里，我们又一次证明了简单圈套的两种不同走向，即正的简单圈套和负的简单圈套不同痕。可见，琼斯多项式是有向链环的同痕不变量，因此，我们应该说明计算时链环所采用的走向，对于纽结来说，琼斯多项式与走向无关；而对于具有多于一个分支的链环来说，关于走向，我们约定：图上最低处由左向右走。确切地说，对于投影图中的每个分支，在其最低点处（当有几个最低点时，取最左边的那个最低点）的走向是由左向右。

例 5　计算右手三叶结和左手三叶结的琼斯多项式

解　对于右手三叶结，把拆接关系式用于图 16.11，左边的是右手三叶结，中间的是平凡结，右边的是正的简单圈套，于是有

图 **16. 11**

$$t^{-1} \cdot V\left[\text{⬯}\right] - t \cdot 1 = (t^{\frac{1}{2}} - t^{-\frac{1}{2}}) \cdot (t^{\frac{1}{2}} - t^{\frac{5}{2}}),$$

从而得

$$V\left[\text{⬯}\right] = t + t^3 - t^4。$$

对于左手三叶结，把拆接关系式用于图 16.12，左边的是平凡结，中间的是左手三叶结，右边的是负的简单圈套，于是有

图 **16.12**

$$t^{-1} \cdot 1 - t \cdot V\left[\text{结}\right] = (t^{\frac{1}{2}} - t^{-\frac{1}{2}}) \cdot (-t^{-\frac{5}{2}} - t^{-\frac{1}{2}}),$$

从而得

$$V\left[\text{结}\right] = -t^{-4} + t^{-3} + t^{-1}。$$

由于左、右手三叶结的琼斯多项式不等，因此它们不同痕。

例 6 计算 8 字结的琼斯多项式。

图 **16.13**

解 把拆接关系式用于图 16.13，左边的是 8 字结，中间的是平凡结，右边的是负的简单圈套，于是有

$$t^{-1} \cdot V\left[\text{结}\right] - t \cdot 1 = (t^{\frac{1}{2}} - t^{-\frac{1}{2}}) \cdot (-t^{-\frac{5}{2}} - t^{-\frac{1}{2}})$$

从而得

$$V\left[\begin{array}{c}\\\end{array}\right]=t^{-2}-t^{-1}+1-t+t^{2}。$$

在 § 16.1，我们曾经指出，虽然 8 字结不具有三色性，但它不是平凡结。当时，我们还不能给出证明，现在，由于它的琼斯多项式不等于 1，因此可以断言它不是平凡结了。

以上例子告诉我们，借助于拆接关系式，一个投影图的琼斯多项式，可以通过两个比它简单的投影图的琼斯多项式计算得到，因此，每个投影图的琼斯多项式，原则上都可以根据前述三条性质计算出来。

对于有向投影图 L 和它的逆 L^{-1}，由于在一个交叉点处同时反转两条线的箭头方向，因此不改变该交叉点的正负号，可以证明总有 $V(L^{-1})=V(L)$，这就是说，一个有向链环和它的逆总有相同的琼斯多项式，而不管它们是否同痕，因此，琼斯多项式不能鉴别出不可逆的链环。

对于纽结即只具有一个分支的链环来说，因为它只可能有两个不同的走向，而对于这两个不同的走向，所得的琼斯多项式总是相同的，所以我们在说纽结的琼斯多项式时，实在没有必要强调它的走向。

§ 16.3　纽结及链环的拼与和的琼斯多项式

现在我们虽然已经能判别左手三叶结和右手三叶结不同痕，但对方结和懒散结仍无法判别它们是不是不同痕。为了能区分它们，我们还需继续研究。

将两个链环互相远离地拼在一起所构成的新链环，叫作这两个链环的拼，这个新链环的分支数是原先两个链环的分支数的和。

相应地，将两个投影图互不交叉地放在一起所得到的新投影图，叫作这两个投影图的拼，它是这两个投影图所代表的链环的拼的投影图。两个投影图 L_1 与 L_2 的拼记为 $L_1 \perp\!\!\!\perp L_2$。

设一个纽结可以移动到某个位置，使得空间中某个平面与它只有两个交点，（如图 16.14(a)），把位于该平面两侧的部分各用贴近平面的直线段封闭起来，分别得到两个纽结（如图 16.14(b)），我们就说原来的纽结被分解为这两个新纽结之和。（这里图 16.14(a)被分解成了哪两个纽结之和，你能看得出来吗？试着变形看一看）。

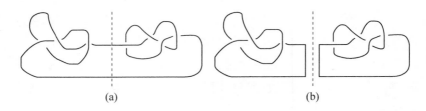

(a)   (b)

图 16.14

把上述过程反过来，可以构建两个已知纽结的和。首先，在两个纽结上各自取定一个走向，使之成为有向纽结，设为 K_1 与 K_2，把它们放在一个平面的两侧（如图 16.15(a)）；然后，把它们各自的任意一小段拉向分隔它们的平面（如图 16.15(b)）；最后，把它们在平面处接通，使得走向互相协调——只要使得在撤去的两条小线段上的走向相反，就能保证在接通处左、右走向一致（如图 16.15(c)），所得新的有向纽结就称为原来两个有向纽结 K_1 与 K_2 的和，又称连通和，记为 $K_1 \sharp K_2$。图 16.15(c)为右手三叶结与 8 字结的连通和。

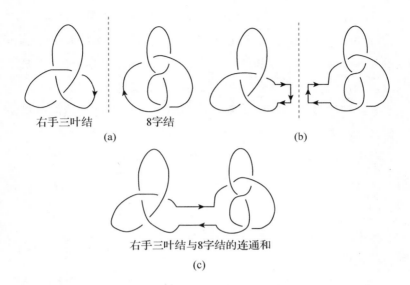

右手三叶结　　8字结

(a)

(b)

右手三叶结与8字结的连通和

(c)

图 16.15

注意　定义连通和时，对于无向纽结必须先取定走向，否则，不同的接通方式，所得结果可能不同痕。当然，如果 K_1 与 K_2 是可逆的，那就与走向无关了。

对于两个链环 L_1 与 L_2 的连通和 $L_1 \sharp L_2$，可类似地定义。但需注意：这时不仅要取定走向，而且还要具体指明 L_1 的哪个分支与 L_2 的哪个分支相接通，否则，结果会各不相同。

每个非平凡的纽结都可以唯一地分解为若干素纽结的连通和。所谓素纽结，是一个非平凡结，它不能再分解为两个非平凡结的连通和。例如，左、右手三叶结和 8 字结都是素纽结。因为方结能分解为一个左手三叶结和一个右手三叶结的和，所以它不是素纽结。同样，因为易散结能分解为两个右手三叶结的和，所以它也不是素纽结。图 16.15(c)所表示的纽结也不是素纽结。

一个非平凡的链环也可以唯一地分解为若干素链环的连通和。一个链环称为素链环，如果它不是一个平凡结，而且如果它能再分解为两个链环的连通和的话，那么这两个链环中必有一个是平凡结。这样，具有两个分支的平凡链是一个素链环。

素纽结和素链环就像积木块，其他的纽结和链环，都可以由它们搭建起来，因此，历史上所有的纽结表都只列出素纽结。

对于有向链环的拼与和的琼斯多项式，有如下结果：

$(1) V(L_1 \sqcup L_2) = -(t^{\frac{1}{2}} - t^{-\frac{1}{2}}) \cdot V(L_1) \cdot V(L_2);$ (16.1)

$(2) V(L_1 \sharp L_2) = V(L_1) \cdot V(L_2)。$ (16.2)

对于 L_1 与 L_2 的连通和 $L_1 \sharp L_2$，不论 L_1 的哪个分支与 L_2 的哪个分支接通，（16.2）都成立。

由上面这两个公式，我们可以方便地计算出方结和易散结等纽结的琼斯多项式，也可以计算出其他一些较复杂的纽结和链环的琼斯多项式。

例 7　计算方结的琼斯多项式。

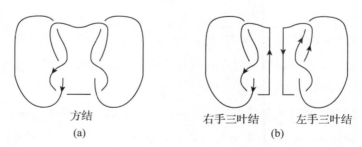

方结
(a)

右手三叶结　　左手三叶结
(b)

图 16.16

由于方结（图 16.16(a)）可分解为一个左手三叶结和一个右手三叶结（图 16.16(b)）的和，因此，根据连通和（16.2），只需将左、右手三叶结的琼斯多项式相乘，即可得方结的琼斯多项式。

$$V(方结)=V(左手三叶结) \cdot V(右手三叶结)$$
$$=(-t^{-4}+t^{-3}+t^{-1}) \cdot (t+t^{3}-t^{4})$$
$$=-t^{-3}+t^{-2}-t^{-1}+3-t+t^{2}-t^{3}。$$

完全类似，我们可以计算出易散结的琼斯多项式（留作习题），并根据方结和易散结的琼斯多项式不等，判定它们是不同痕的。

    *   *   *   *

《北京晚报》2009 年 10 月 21 日 46 版刊登了一道智力趣题，如下：

图 16.17 是 6 幅绳索交织在一起的平面图，根据这些平面图，大家想象一下这些交织的绳索中哪些会打结，哪些会展开？如果想不出来，可以找来绳索试一试。不过尽量通过你的想象力来解决这个问题。

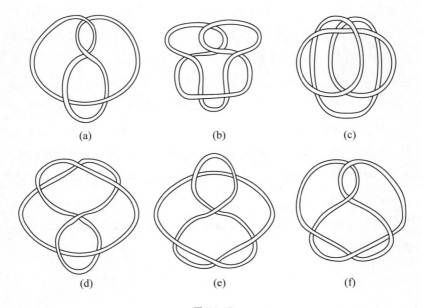

图 **16.17**

这个问题用我们在纽结这里的述语来说，就是上述六个纽结中，哪些纽结同痕于平凡结？哪些纽结不同痕于平凡结？当然，我们还是希望你能给出证明。运用我们前面学过的判断两个纽结是否同痕的各种方法，解决上述这个问题，应该不会让你犯难吧。请试一试你的身手。（本题参考答案在本章习题（习题12）的答案后，供参考，P241）

  *   *   *   *

纽结理论现在不仅已经成了许多数学分支的交叉点，而且正以出乎前人意料的方式参与揭示生命现象的过程。分子生物学家已经证实，在诸如重组和复制这样的生物过程中，DNA的双螺旋形成纽结并联系在一起，细胞内所用的解结机制与纽结中生成琼斯多项式不变量所用的最简单的数学方法有着不可思议的相似性。

对纽结和链环有兴趣的读者，可以进一步阅读我国著名拓扑学家姜伯驹院士撰写的著作《绳圈的数学》（长沙：湖南教育出版社，1991年版。）该书不仅包括纽结的拓扑学，而且还包括了纽结的几何学方面的关于弯曲、扭转和绞拧的理论，其中也包含了姜院士自己的独特创造。此外该书还简要介绍了纽结理论在分子生物学中的应用。姜院士的这本书对纽结理论的介绍，深入浅出，通俗易懂，引人入胜。该书末，还附有纽结表，向读者展示了丰富多彩的纽结和链环。本书所介绍的关于纽结和链环的上述内容，主要是参考姜院士的这本书编写成的，作者再次向姜院士致以诚挚的谢意。

习题 12

1. 利用三色性证明

(1)霍普夫链；

(2)怀特海德链；

(3)鲍罗曼琏，

是不可分离的，因而都不是平凡链。

2. 利用拆接关系式计算具有两个分支、4 个交叉点的链环（记为 4_1^2，如图 16.18)的琼斯多项式。（提示：注意关于链环走向的约定）

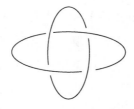

图 16.18　4_1^2

3. 计算易散结的琼斯多项式（提示：先将易散结分解为两个右手三叶结的连通和，画出图来，再应用公式（2°）计算其琼斯多项式）。

§17. 初等突变理论点滴

　　世间万象不断更新，大千世界不停地发展变化，从数学角度归纳起来，基本上不外乎两种不同的变化模式，一种是连续变化，另一种是不连续变化。数学家们早已掌握了描述连续变化过程的数学工具，这就是微分方程。对于那些完全不连续的变化过程，数学家们可以用概率论和离散数学来处理。使数学家感到难办的是那些由连续变化引起的不连续的飞跃现象。而这一类现象在自然界乃至社会科学中却又是十分常见而且重要的。例如，地震的发生、火山的喷发、桥梁的坍塌、大规模瘟疫的流行爆发，甚至历史上王朝的更迭等。都是这类由量变导致质变、由渐变发展到突变的变化过程。由托姆在20世纪70年代创立的突变理论正是研究现实世界中连续变化的量是怎样引起不连续的飞跃，即突变的，并给出了各种不同的数学模型。

　　托姆(Rene Thom)，法国巴黎高级科学院数学教授，1923年出生于法国，1951年获巴黎大学博士学位，1958年获得世界数学界四年一度的最高奖菲尔茨奖。托姆于1968年发表了他的有关突变理论的第一篇论文《生物学中的拓扑模型》，又在1972年出版了关于突变理论的专著《结构稳定性和形态发生学》，系统地阐述了突变理

图 17.1　托姆

论，是突变理论的奠基性著作。从那时以来，突变理论有了很大的发展，其中齐曼做出了重要贡献。齐曼（E. C. Zeeman）是英国瓦维克大学数学研究所所长，皇家学会会员，著名数学教授，1970年以前主要研究拓扑学，后来他把注意力转到突变理论，他是突变理论的积极倡导者，他的关于突变理论的论文选中，包括了从科普文章、实际应用到严格数学证明等截然不同类型的许多文章，其中不少是开创性的工作。

突变理论在数学上属于微分拓扑中关于奇点的理论，是对一个光滑的系统中可能出现的突然变化做出适当的、主要是定性的数学描述。当我们用含参数的某个势函数来描述一个系统所处的状态时，考察使系统从一种稳定状态跳跃到另一种稳定状态，即发生突变时参数变化的区域。由于只有当势函数取极小值时系统才是稳定的，因此在数学上也就是要研究参数变化引起函数极小值变化的情况。

与数学中大多数新发展不同，突变理论在其创立初期就旨在应用。它在应用时，直接处理不连续性而不联系任何特殊的内在机制，这就使它特别适用于研究那些我们确信观察到具有连续性情况，而内部机制尚属未知的系统。不可否认，数学物理技巧已成功用于不连续性的分析，但这需要对系统有一定程度的知识，因此基本上局限于物理科学领域中，例如对于冲击波的经典处理，就依赖于对流体连续性态的详尽了解，然而迄今为止，在以描述现象为主的生物科学和社会科学领域中，却无法加以应用。齐曼指出，突变理论"最重要的应用毕竟还是在生物学和社会学方面，那里不连续的发散情形几乎无所不在，而其他数学方法至今证明无效"。

§17.1 齐曼突变机构①

　　为了说明突变理论，我们先来看一个简单的物理系统，它是齐曼发明的一个示教模型，称为齐曼突变机构。它的构造极简单：两根单位长的橡皮筋，以及用硬纸板剪成的直径为单位长的圆盘。在圆盘中心 O 处穿一个小孔，并在圆盘接近周边的点 Q 处，按个图钉，使钉尖朝上。用第二个图钉穿过圆盘中心 O 处的小孔，钉在一个合适的底板上，使圆盘能自由转动。把两根橡皮筋套在点 Q 的图钉上，并用第三个图钉，固定其中一根橡皮筋的另一端于底板上距离圆心 O 两个单位长度远的 R 点处。另一根橡皮筋的余下的一端 P 则任其自由，如图17.2所示。尺寸都是近似的，无须很精确。

　　在突变机构所在的平面内，慢慢移动 P 而使圆盘转动。试验一段时间后发现一些奇怪的特征，其中最明显的是，P 的位置有微小的变

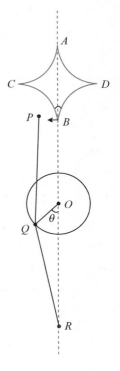

图 17.2

化时，突变机构的改变几乎总是平稳的，然而有时也会突跳。如果在底板上标出发生跳跃时 P 点的位置，我们会发现，它们形成一个曲边钻石形的轮廓线，如图17.2。但也有时 P 越过轮廓线而不引起跳跃。例如，如果我们让 P 点作垂直于机构的对称轴穿越

　　① 桑德斯．灾变理论入门．凌复华，译．上海：上海科学文献出版社，1983：4-14.

钻石形的移动，则在两个方向上都只有一次跳跃，而且它们并不发生在同一位置上。最后，如果 P 在钻石形之外，则圆盘只可能有一个平衡位置，但若 P 在钻石形之内，则圆盘有两个稳定平衡位置，其中一个是 Q 向左边倾斜，另一个是 Q 向右边倾斜。如果我们仔细操作，还能在这两个平衡位置之间找到第三个平衡位置，但它是不稳定的。

我们略去对上述齐曼突变机构系统的势能所做的严格的数学上的分析，只对于上述结果作一些定性的直观解释。

我们来看有关势函数 $V(x)$ 性态变化的一个示意图，如图 17.3 所示。该图是 u-v 平面中的图，其中势函数 $V(x)$ 曲线已对参数 u，v 的不同数值即橡皮筋自由端 P 点的不同位置画出。这样，我们就能说明，如果点 P 在靠近点 B 的区域内移动时该机构的状态。只要点 P 在尖点区域之外，就只可能有一个平衡位置，而在尖点区域之内，则有两个平衡位置。跳跃是在离开尖点区域时发生的，而消失的平衡位置，正好是机构原来所处的位置。这就是沿着进入尖点区域的同一路径退出尖点区域时，不会发生跳跃的原因。

为了帮助我们了解突变是如何发生的，我们以一种机械模拟来想象它。图 17.4 表示 u 为一个固定的负值，而 v 为不同值条件下的一组势。我们把曲线看成是由柔性材料制成的，而系统则用一个滚珠来代表。一组可能的过程序列如图 17.4 所示。由于重力作用，滚珠总处在洼底（局部极小值）。当曲线连续变动，在这个洼的旁边又出现第二个洼，即使第二个洼比第一个洼还深，只要这两个洼之间有一个峰（局部极大值），滚珠总保持在第一个洼底。只有当第一个洼终于消失时，滚珠才会突然跌落入第二个洼底，突变发生了。

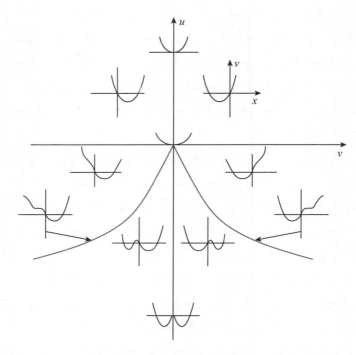

图 **17.3** 对于不同 **u**，**v** 值的 **V(x)**

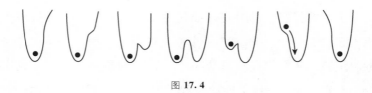

图 **17.4**

　　粗略地说，系统的势函数的极值点的集合，组成一个曲面，称为平衡曲面。如果我们画出系统的平衡曲面，我们就比较容易看清点 B 邻近的不同路径会发生什么情况。我们设想该系统的状态是以 x，u，v 为坐标的三维相空间中的一个点来代表的，则相点必定总位于这个曲面上。事实上，它必定总是位于顶叶或底叶，因为中叶对应于不稳定平衡。现在看图 17.5，点 P 的位置由叫作控制空间的 u-v 平面中的一个点表示。随着控制变量 u，v 的变化，这个点走出的一条路径，叫作控制轨迹。同时相点沿着直接位于控制轨迹上方的平衡曲面上的一条轨迹移动。u 和 v 的平稳变化，几乎总引起 x 的平稳变化。仅有的例外是在控制轨迹越过分歧点集时出现，分歧点集是平衡曲面的折痕在 u-v 平面上的投影。如果相点恰好在曲面折回中叶处的边缘上，则必定跳到另一叶上。这引起 x，即点 Q 的突变。这个图对于理解在什么情况下会发生突变是很有用的。

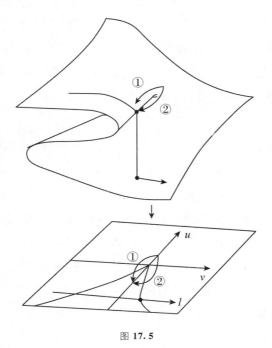

图 **17.5**

　　齐曼提出了尖点突变模型的五条典型性质。我们现在用图

17.5，或齐曼的突变机构，或者二者并用，来说明这些性质。

(1)突跳——当控制平面内一条控制轨迹(如图 17.5 中 u-v 平面上的直线 l)穿越尖点区域时，相点发生突跳。

(2)滞后——同一条控制轨迹穿越尖点区域时，发生突跳的位置不同。

(3)双模态——尖点区域内的任一点，对应的势函数有两个极小值，此时系统有两个可能的稳定状态(即给定 P 点在钻石形中的一个位置，而点 Q 存在两个可能稳定的位置)。

(4)发散——从尖点区城外任一点(在 u 轴上或其近旁)到尖点区域内一点的两条相邻的控制轨迹(图 17.5 中的路径①②)，可以产生大不相同的性态(分别在平衡曲面的上叶和下叶上)这就是，P 点开始时在钻石形外的轴线上或其近旁，然后移到钻石形内部一点，则点 Q 在左还是在右，取决于自由端点 P 是从 B 的哪一面通过的。

(5)不可达性——在某些 x 值(对应于平衡曲面的中叶)上，系统不可能实现稳定平衡。

所有这些性质，都很容易在突变机构上观察到。指明这几点的好处在于，如果我们处理的系统，其机制不能直接分析，因而不知道或者写不出系统的势函数，而且我们估计它可能与尖点突变有关，在这种情况下，尖点突变的典型性质可以告诉我们该去寻找和分析系统具有哪些种类的现象。

突变机构的重要性在于它演示了一个光滑的势怎么样造成不连续的性态。

我们通过突变机构想要得到的不是某些定量的结果，而是想要理解为什么在这个机构中会以一种相当独特的方式出现突跳。

对于任意一个大致相似的机构，跳跃的模式会是相同的，而跳跃可能发生的点的集合，会构成一个曲边钻石形。突变理论所提供的正是这种类型的定性结果。

§ 17.2　初等突变模型①

通过对齐曼突变机构的介绍和分析，使我们对突变理论有了初步形象的了解。现把突变理论的内容简述如下：

假设一个系统的状态由 n 个变量 x_1，x_2，$\cdots$，x_n 的值所确定，我们称这些变量为状态变量。又假设这个系统受到 m 个独立变量 u_1，u_2，$\cdots$，u_m 的控制，即这些变量的值决定了 x_i 的值，我们称这些变量为控制变量。人们常常用与这个系统相关联的某个势函数的极值的情况，来描述这个系统的稳定性，势函数取极小值时，系统是稳定的，取极大值时，系统是不稳定的。如果势函数是状态变量和控制变量的光滑函数，那么当控制变量连续地变化时，势函数极值的情况可能会发生突然的变化，这时相应系统的稳定性也可能发生突变。

突变理论告诉我们，可能出现的性质不同的不连续构造的数目，不取决于状态变量的数目（这可能很大），而取决于控制变量的数目（这一般较小）。特别是，如果控制变量的数目不大于 4，那么只有七种不同类型的突变，把它们称为 7 种初等突变的模型，而且其中没有一种涉及两个以上的状态变量（这是指在选择的 n 个状态变量中与不连续有关的状态变量不会多于两个）。

---

① 桑德斯．灾变理论入门．凌复华，译．上海：上海科学文献出版社，1983：45-67.

7 种初等突变的模型如表 17.1。

表 17.1

突变模型名称	状态变量	控制变量	势函数
折叠	x	u	$x^3 + ux$
尖点	x	u，v	$x^4 + ux^2 + vx$
燕尾	x	u，v，w	$x^5 + ux^3 + vx^2 + wx$
蝴蝶	x	t，u，v，w	$x^6 + tx^4 + ux^3 + vx^2 + wx$
双曲脐点	x，y	u，v，w	$x^2 + y^2 + wxy + ux + vy$
椭圆脐点	x，y	u，v，w	$x^3 - xy^2 + w(x^2 + y^2) + ux + vy$
抛物脐点	x，y	t，u，v，w	$x^2y + y^4 + wx^2 + ty^2 + ux + vy$

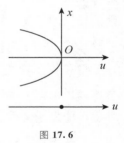

图 **17.6**

　　折叠　是最简单的初等突变模型，只有一个状态变量和一个控制变量。它的相空间是二维的。势函数极值点的集合组成一条抛物线，控制空间是直线 $x=0$，如图 17.6 所示。$u<0$ 时，有两个极值点，一个是极小点，另一个是极大点。极小点是稳定平衡点，极大点是不稳定平衡点。

　　尖点　是最常用的一个初等突变模型，只有一个状态变量和两个控制变量。前面在介绍齐曼突变机构时，已经对它作了分析。如图 17.3 所示，尖点区域之中有两个极小点，它们被一个极大点分隔，而在尖点区域之外，只有一个极小点。前面我们已经介绍过尖点突变模型具有五条典型性质：突跳，滞后，双模态，发散和不可达性。当我们在研究某种事物时，若观察到上述这些现象，即可联想到运用尖点突变模型来分析处理。尖点突变模型应用最广，涉及初等突变理论应用的文章十有八九都要提到它。

§ 17.3　初等突变理论应用举例

突变理论的应用方式可以分为截然不同的两类。一类是分析型的，属于突变理论的"严格"应用。主要适用于"硬"科学（物理学和力学等），首先寻找一个势，或与势相类似的函数或与某个平衡曲面或分歧点集有相同数学描述的系统，然后应用适当的数学概念和技巧，归结为托姆分类表中的某种突变模型。这类应用，不仅能做出"定性"的解释，而且只要方法得当，在原则上就总能进行精确的定量计算，从而保证模型具有预测的能力。另一类是经验型的，主要适用于"软"科学（生物科学和社会科学等）。首先由观察到的特征现象，如跳跃、滞后等，设想一个初等突变理论的数学模型，然后作数据拟合，力求使观察到的形态与模型突变集相一致。再看能否用来很好地解释观察到的现象，最后由之启发而推断现象的机理。这类定性模型主要用于对现象进行解释和理解，一般说来，通过这类模型要想做出定量预测是不可能的。就托姆的本意而言，这第二类应用方式更加重要，也有了一些成功的例子。托姆说："我相信突变论的主要创造性以及富有成果的未来，完全取决于第二类应用。"但由于"软"科学中的问题，一般十分复杂，有关突变理论应用的分歧和争论，主要也是围绕它在"软"科学中的应用的，这一方面的问题，还有待于更深入的研究。

这里我们简要介绍突变模型的三个应用例子。第一个虽然是生物学中的，但因为先有了平衡曲面的方程，所以仍属于第一类应用。后两个例子都是属于第二类应用的。读者可以在桑德斯所著《灾变理论入门》一书（凌复华译，上海科学文献出版社，1983年版）中，看到突变理论在各个不同学科中应用的许多例子。

应用例 1　种群动态的突变模型①

所有生物的种群大小都是变动的，用数学公式来表述这些变化的规律，就是种群动态的数学模型。假设每个个体的增长率是种群大小 N 的函数 $f(N)$，按照假设，种群的继续增长要受到资源短缺的限制，因此，种群越大，对进一步增长的抑制作用也越大。

李、丁等提出一种假设，令种群个体的增长率随种群大小 N 而变化的函数关系 $f(N)$ 是二次的，即 $f(N)=a+bN-cN^2$（b，$c>0$）。于是得到，对应于种群系统的稳定状态，即个体的增长率为零时，有

$$a-bN-cN^2=0。$$

经过一系列适当的变形和代换，上式化为

$$(N-a_1)^2+a_2-p=0。 \tag{17.1}$$

我们把 p 当作控制变量，于是(17.1)表示了一个典型的折叠突变模型的平衡曲面，如图 17.7 所示。根据对折叠突变模型的分析，当 p 取大于 a_2 的值时，势函数有两个极值点，一个是极小值点，另一个是极大值点。从而有两个平衡点，一个是稳定平衡点，另一个是不稳定平衡点（如图 17.7），我们用一个直观的位势模型（如图 17.8）来说明，A 点是这个系统的稳定状态，任何一个小的扰动，虽然暂时使小球离开位置 A，但是最终回复到位置 A 是必然的，也称 A 是系统的吸附状态；B 点表示了系统的不稳定状态，也称排斥状态。

①　李典谟，丁岩钦，蓝仲雄．种群动态的突变模型．动物学集刊，1981，1(5)：141-148.

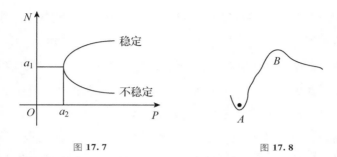

图 17.7　　　　　　　　　　　图 17.8

　　下面我们用这个种群突变模型，阐明若干生物种群生产力的规律问题。研究不同环境条件下生产力的规律，是现代生态学的重要研究课题之一，它关系到如何合理利用自然资源，即在特定的环境条件下，某种种群应如何开采才能获得稳定和持久的高产，而不致破坏种群恢复再生产的能力。而对有害动物的防治，则是这个问题的反面，即如何去防治某种害虫，才不致使它升到危害水平。

　　种群突变模型（如图 17.9）说明，在一定的环境条件下（$p = p_0$），对某一种群的开采，使种群的数量由 A 下降至 A'，但由于 A 是系统的吸附状态，因此系统存在回复至 A 的倾向；如果对种群的一个过度开采，使种群的数量下降至 A''，由于 A'' 在排斥状态 B 之

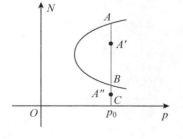

图 17.9

下，因此种群就不易回复至 A，它将在 B 和 C 之间摆动；由于状态 C 对应种群 $N = 0$，所以此时存在着种群灭绝的危险。这表示对某种动物的适量开采，并不会影响种群恢复其平衡状态，但过度的开采，却有造成绝种的危险。有学者研究结果表明：观察某种种群的生长曲线可知，随开采不断增加，种群丰盛度逐步升高，

60％开采率可使丰盛度达到最高水平，再增大开采强度，则使种群丰盛度下降。对防治害虫而言，防治强度由 10％增至 60％，反而使害虫密度加大，只有使防治强度增加到一定水平（例如 73％），才能控制害虫密度处于危害水平之下。这个结论和我们在这里用种群突变模型定性的研究结果是相符合的。

我国各地对棉铃虫综合防治的经验表明：单纯的药物防治，只能暂时降低棉田的虫口密度；如施用综合防治手段，例如，在棉田周围种植玉米作为诱集田，并结合释放天敌，则能有效控制虫口密度（如图 17.10）。这种情况，对应于种群突变模型，如图 17.11。一个单一的药物防治，只能暂时压低虫口密度至 x_2，但自然的回升是必然的，于是形成种群在 x_1，x_2 之间摆动，这正如图 17.10 中单纯使用药物防治时种群的摆动情况。只有施用综合防治，改变种群自然繁殖趋势，使控制变量 p_0 降至 p_1，虫口密度降至 x_3，使系统处于排斥状态之下，种群才不易回复到平衡状态，而在排斥状态之下波动（如图 17.10）。

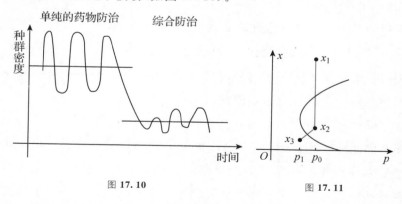

图 17.10   图 17.11

最后，我们用种群突变模型（如图 17.12）解释洪泽湖蝗区蝗虫发生情况的变化。洪泽湖蝗区是我国历史上的一个老蝗区，新中

国成立前蝗害猖獗，新中国成立后由于
年年防治，东亚飞蝗发生呈下降趋势。
但 20 世纪 50 年代由于蝗区还没有得到
根本改造，这时蝗虫繁殖控制参数较
大，位于 p_0，系统处于 x_0。这时，任何
外力（防治措施）对系统控制的放松，必
然导致 x_0 回升，趋于平衡状态，这就是

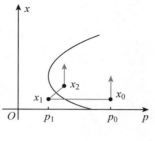

图 **17.12**

20 世纪 50 年代几乎必须年年施药防治的原因。随着蝗区面貌逐年
改变，蝗虫滋生地越来越小，自然条件、耕作制度越来越不利于
蝗虫的繁殖和生长，这时，控制参数 p 逐渐由 p_0 移至 p_1，系统状
态由 x_0 移至 x_1，由于系统处于排斥状态之下，所以系统不易再回
升至平衡状态，蝗虫基本上得到了控制。这正如 1968～1977 年的
十年间，洪泽湖蝗区虽未防治，蝗虫虫口密度始终处于低水平状
态。但突变论告诉我们，系统仍存在发散的可能，即对系统的某
一扰动，可能是控制变量 p 的一个微小变化，或者其他原因，使
系统状态由 x_1 移至 x_2，x_2 处于排斥状态之上，受平衡吸引子的作
用，所以系统必然有再回升至平衡状态的趋势，其结果又会造成
蝗虫较大数量的发生。洪泽湖蝗区在基本上得到控制后的 1978
年，又突然回升，正好说明了系统的这种发散性和突变机理。其
原因是 1977 年和 1978 年连续两年干旱，特别是 1978 年遇到了 60
年未有过的特大干旱，使湖水水位显著下降，并伴随长期高温，
这些水文气候条件的变化，造成控制变量 p 的上升，促使系统越
过排斥状态，产生一个突变。根据突变理论我们可以预言：随着
水文气候条件回复正常，和有效的人工防治，把系统压至排斥状
态之下，该地区的蝗虫灾害仍将得到控制。

应用例 2　狗的攻击①

这是齐曼关于突变理论应用的许多例子中最早和最有名的例子之一，涉及狗受到逼迫时的行为。洛伦茨在他的那本《关于攻击》的书中，认为影响狗的攻击的两个主要因素是愤怒和恐惧，且这些可以通过对狗的直接观察来测定：愤怒由嘴的张开程度来测定，而害怕则由耳朵耷拉的程度来测定。很清楚，攻击的水平随愤怒的单独增加而增加，而随恐惧的单独增加而减少。但两种因素同时增加，会产生什么样的效果呢？其答案看来是狗的攻击性将会增强很多或减弱很多，虽然很难预测是哪一种，但是它大概不会仍保持平静，像未受惊扰时那样无动于衷。

我们现在有尖点突变模型的三个特征：双模态、发散和不可达性，故我们试用尖点突变模型来拟合观察到的现象。控制变量显然是愤怒和恐惧，而状态变量是行为。注意两个控制变量互相冲突时（这里我们指单独增加其中一个与增加另一个一般有相反的效果），坐标轴并不与正则尖点的 u, v 轴相重合。相反地，我们取沿两个因子都增加的方向而增加的剖分变量。这相应于以下想法：正是逼迫加紧时，光滑的响应会成为不可能的。正则因子可以用以度量相互冲突的因子之间的平衡。

现在我们可以画出图 17.13，并看看它对狗的行为提示些什么。我们首先看到，这张图再现了我们在上面提到过的特征：愤怒或恐惧单独增加时的清楚效应（路径 1 和 2），以及两者同时增加时的含糊效应（路径 3 和 4）。我们也发现尖点突变模型的另外两个

① 桑德斯．灾变理论入门．凌复华，译．上海：上海科学文献出版社，1983：96-98.

典型现象：突跳和滞后，如图 17.14。例如，当狗首先被惊吓而后被激怒（比如它遇到一只较大的狗开始侵犯它的领地），它不会逐步变得有较多的攻击性，较为可能的是它仍然畏缩不前（陷于模型的较低叶），而后突然改为攻击性姿态。如果这个变化把它沿着行为轴线引到足够远处，其结果将是一个真正的攻击，而几乎不予警告。最后，一旦狗处于攻击的意识状态，它将趋于维持如此，即使愤怒已经有所减少（例如另一只狗部分地退却），从而我们也观察到滞后。

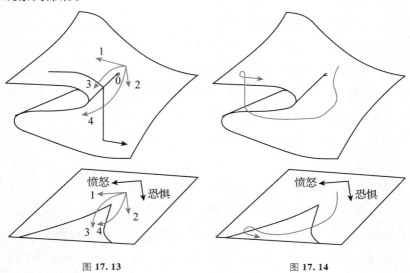

图 17.13　　　　　　　　　　　　图 17.14

应用例 3　关于甲状腺功能的模型①

正常人体中新陈代谢的控制可示意如下：

丘脑下部 $\xrightarrow{a}$ 垂体 $\xrightarrow{b}$ 甲状腺 $\xrightarrow{c}$ 新陈代谢，其中 a，b，c 为

———————————

① 凌复华. 突变理论——历史、现状和展望. 力学进展，1984，14(4).

激素。c 过少为甲状腺功能减退，c 过多为甲状腺功能亢进。对甲状腺功能亢进患者的治疗为施行外科手术，切除或破坏一些甲状腺。但 Srif 发现有三分之一的患者手术后虽然 c 的分泌量正常，但仍未治愈。他根据双平衡态的情况，提出了甲状腺功能的尖点突变模型，如图 17.15 所示。他指出，一般的治疗如同图上的 HK 线，尚未出现突变而不能恢复正常。因此他提出的治疗方案是：通过药物减少

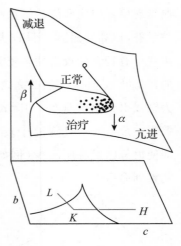

图 **17.15**

新陈代谢而促进 a 的分泌，使 b 增加而沿着 KL 途径出现跳跃而真正治愈。他用这种方法治愈了剩下的三分之一患者，并定量地拟合数据于尖点突变模型。最后他根据这些情况，提出了一个内在机制的模型。

＊　　　＊　　　＊　　　＊　　　＊

自从托姆创立了突变理论以来，突变理论获得了很大发展，但也引起了国际数学界的激烈争论，褒贬不一，褒者誉之为"从牛顿发现微积分以来，数学史上最伟大的成就"，贬之者则说它是"一些奇妙的观察伴随着完全无根据的推测"，并讥讽其为"皇帝的新衣"。

一般说来，人们对托姆在突变理论中所做的数学研究给予高度评价，认为是了不起的成就。分歧主要在突变理论的应用上，尤其是在生物科学和社会科学等"软"科学的应用方面。

关于如何评价突变理论的某项具体应用的价值，桑德斯在他

的书中有两段极为精彩的论述。他指出①：

"突变理论在物理学中应用时，以物理学家可用的其他一些技巧为标准来评判它是合理的，且它们确实能得到同样的结果。但当突变理论用于生物学时，正如任何一种别的方法用于这个学科那样，其好坏不能用它接近于理论物理的范例的程度来判断，而要用它对我们关于生物现象的理解有多少贡献来判断。

这里当然有问题的另一面。如果我们相信，在理论生物学的大部分中所能期望的结果，很可能与那些在物理学中习见的不同，那么我们就无权对它们提出同样的要求。我们已承认，它们一般是尝试性的，特别若我们应用了突变理论，则通常在讨论的某个阶段有关键性的简化假设。再者，如果一个机械论式的模型与观察符合得很好，则我们就立即得到了一个证据以支持我们关于机制的假设。另一方面，仅仅把尖点模型与一些数据拟合本身，并不能使我们获益很多，实质性的问题在下一步。简单的例子，如齐曼对狗的性态的分析确实是有用的，但更应该把它看作是对突变理论的一个形象化说明，而不是看作对个体生态学的一个贡献。现已有足够多的例子说明，应用突变理论于生物学和社会科学，不是当在托姆的一览表中找到了匹配我们观察结果的突变类型时，而是当这样做时（或者如我们看到的那样，当失败时），对所研究的系统获得了一些新的知识，我们才可声称有了成果。"

---

① 桑德斯．灾变理论入门．凌复华，译．上海：上海科学文献出版社，1983：148-149.

习题解答

习题 1

1. 图 2.10 中的 10 个数字图形按同胚分类，共分为 5 类：

①1，2，3，5，7；②0；③4；④6，9；⑤8。

2. 图 2.11 中的 26 个字母图形按同胚分类，共分为 9 类：

①A，R；②B；③C，I，J，L，M，N，S，U，V，W，Z；④D，O；⑤E，F，G，T，Y；⑥H，K；⑦P；⑧Q；⑨X。

3. 图 2.12 的四对图形中，

(a)同胚（可以经过广义的橡皮变形互变）；

(b)不同胚（左图有指数为 1 的点 3 个，右图指数为 1 的点只有 1 个）；

(c)同胚（可以经过橡皮变形互变）；

(d)同胚（从右图变形到左图的过程如第 3 题图所示）。

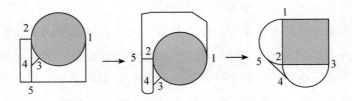

第 3 题图

习题 2

1. 提示：应用连续性原理，参考本节例 2 的证明。

习题 3

1. 3 个三角形，4 个四边形和 2 个五边形共有边 $3 \times 3 + 4 \times 4 + 5 \times 2 = 35$，但在围成多面体时，相邻二多边形共用一条边，因此若能围成一个凸九面体，则棱数应为 $\frac{35}{2}$，然而棱数必须为整数，所以不能围成一个凸九面体。

2. (1)由题设该凸多面体的顶点数 $V = 2\,014$，棱数 $E = 2m$，面数 $F = 2n + 1$，此处 m 及 n 为正整数。由欧拉公式 $V - E + F = 2$ 得 $2\,014 - 2m + 2n + 1 = 2$，得 $m + n = \frac{2\,011}{2}$，然而已知 m，n 是正整数，所以这是不可能的。所以符合题设要求的凸多面体是不存在的。

(2)由题设该凸多面体的顶点数 V，棱数 E，面数 F，适合 $V + E + F = 2\,015$，又由欧拉公式 $V - E + F = 2$，所以由 $\begin{cases} V + E + F = 2\,015, \\ V - E + F = 2 \end{cases}$ 解得 $E = \frac{2\,013}{2}$，然而 E 应该为整数，所以这是不可能的，因此，符合题设要求的凸多面体是不存在的。

(3)由题设该凸多面体的顶点数 V，棱数 E，面数 F，适合 $V \times E \times F = 100$。由于对于任一凸多面体，$V$，$E$，$F$ 都必须大于 3，因此 100 只能分解因子为 $100 = 4 \times 5 \times 5$。$V$，$E$，$F$ 的取值，只能有下列 3 种情形，如第 2 题表：

第 2 题表

序号	V	E	F	$V - E + F$
①	4	5	5	4
②	5	4	5	6
③	5	5	4	4

从第 2 题表中可见，上述 3 种情形都不满足欧拉公式，所以符合题设要求的凸多面体是不存在的。

习题 4

1. 设有 x 个正五边形，y 个正六边形，则有

顶点数 $V = \dfrac{5x+6y}{3}$，（因为三个面交于一公共顶点，即每个顶点被计算 3 次）

棱数 $E = \dfrac{5x+6y}{2}$，（因为两个面交于一公共边，即每个棱被计算 2 次）

面数 $F = x + y$，

由欧拉公式 $V - E + F = 2$ 得 $\dfrac{5x+6y}{3} - \dfrac{5x+6y}{2} + x + y = 2$，解得 $x = 12$。

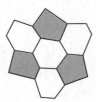

第 1 题图

另一方面，足球皮上正五边形和正六边形相邻的关系的示意图如第 1 题图所示。y 个正六边形应有 $6y$ 条边，因与 12 个正五边形相邻，因此 12 个正五边形占去 $5 \times 12 = 60$ 条边；又因为每个正六边形还与三个正六边形相邻，占去 $\dfrac{6y}{2} = 3y$ 条边。于是有 $6y = 60 + 3y$，得 $y = 20$。因此得：足球皮由 12 个正五边形和 20 个正六边形组成。

2. 对于哈密尔顿顶点遨游盘（如图 5.11，称为标准图形），从任一个顶点出发，选定一个前进方向，按向左为 $-$，向右为 $+$，依照

$$+ - + - + + + - - - + - + - + + + + - - -$$

的顺序前行（称为标准方法），就可以得到一条走遍 20 个顶点的路线（称为标准路线）。对图中的点 A，B，C，只需分别选定前进方向，即可获得标准路线，分别见第 2 题图（a）（b）（c）。

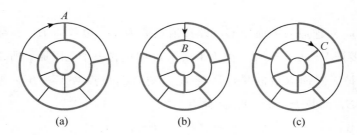

第 **2** 题图

　　3. 对于图 5.12 的里面三圈所成的图（看成一个标准图形），可按标准方法（即按"＋－＋－＋＋＋－－＋－＋－＋＋＋－－－"的顺序，－代表向左，＋代表向右）画出一条走遍 20 个顶点的路线，如第 3 题图(a)中的粗线所示。对于外面的三圈所成的图形，将第三圈（连同里面的图形）看成标准图形中的第三圈，也得一个标准图形，同样也画一个标准路线，如第 3 题图(b)中的粗线所示。要使外面三圈（即第 3 题图(b)）所画的路线与里面三圈所画路线相衔接，用第 3 题图(a)中从 *A* 到 *B* 的路线（第 3 题图(a)中的全部粗线）代替第 3 题图(b)中第三圈上的从 *A* 到 *B* 的路线（粗线），即可得到所求路线，即第 3 题图(c)中的粗线所表示的路线。从粗线上的任何一点开始，沿着粗线走，都可以完成走遍全部 35 个顶点的遨游。

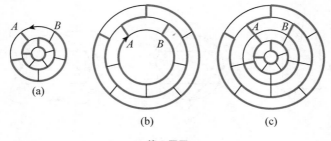

第 **3** 题图

习题 5

1. 对连通的平面图 G，设其顶点数为 V，边数为 E，面数为 F，要证 $V-E+F=2$。因为平面图 G 中包含一个无限面，所以对于去掉无限面以后的平面图形 G'，则有其顶点数 $V'=V$，边数 $E'=E$，面数 $F'=F-1$。因此有

$$V'-E'+F'=V-E+F-1。$$

于是要证 $V-E+F=2$，只需证 $V'-E'+F'=1$。

平面图形 G' 中的面，即由边围成的封闭图形，可以是一边形（圈儿），二边形，三边形……对于每一个面，去掉一条边，使所得图形不再包含有由一串边围成的封闭折线，且使图形仍然是连通的，即得到平面上的一个树形。而对于树形，我们在 §4 已经知道它有性质：

对任一树形，顶点数减边数等于 1。

因为平面图形 G' 中有 F' 个面，因此需要减去 F' 条边，G' 才能变成树形，记为 G''。于是对于树形 G''，有顶点数 $V''=V'$，边数 $E''=E'-F'$，从而有

$$V''-E''=1，即 V'-(E'-F')=V'-E'+F'=1。$$

2. 对于第 2 题图(a)，它是 $K_{3,3}$ 型图，两个顶点集分别为 $\{1，4，6\}$ 和 $\{3，5，7\}$。根据库拉托夫斯基定理，图(a)是不可平面图。

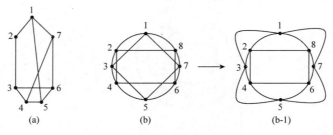

(a)　　　　　　(b)　　　　　　(b-1)

第 2 题图

对于第 2 题图（b），可以变形为图（b-1），它是图（b）的一个平面嵌入，因此，图（b）是可平面图。

3. 对于第 3 题图（a），可以变形为图（a-1），它是图（a）的一个平面嵌入，因此，图（a）是可平面图。

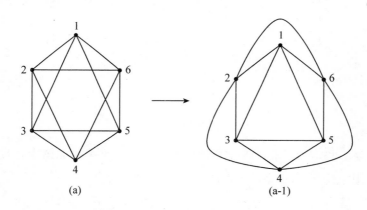

(a)　　　　　　　　　　(a-1)

第 3 题图

对于第 3 题图（b），可以变形为图（b-1）（b-2），而图（b-2）即为图（b-3），它是图（b）的一个平面嵌入，因此，图（b）是可平面图。

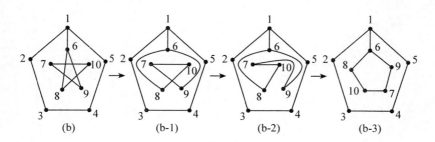

(b)　　　　　(b-1)　　　　　(b-2)　　　　　(b-3)

第 3 题图

对于第 3 题图（c），它包含一个子图（c-1），而子图（c-1）是

$K_{3,3}$型图，两个顶点集分别为$\{1，4，7\}$和$\{2，5，8\}$。根据库拉托夫斯基定理，图(c)是不可平面图。

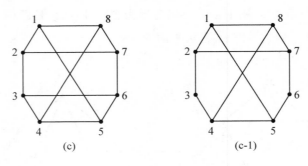

(c)　　　　　　(c-1)

第 **3** 题图

4. 可以画出图 6.22 中各图的平面嵌入，见第 4 题图中相应各图，因此，它们都是可平面图。

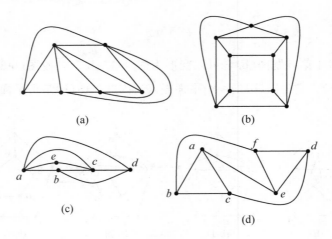

(a)　　　　　　(b)

(c)　　　　　　(d)

第 **4** 题图

5.(1)由于在图 K_5 中，每个顶点和每条边的地位都是平等的，因此不管去掉哪一条边，所得图形都是"相同"的(指它们可以互相变形）。因此我们只需任取一条边 e，证明 $K_5 - e$ 是可平面图即可。

例如去掉图 K_5 中左上角的一条边 e 得图 $K_5 - e$，将它变形为图 $K_5 - e(1)$，这是图 $K_5 - e$ 的一个平面嵌入，因此，$K_5 - e$ 是可平面图。

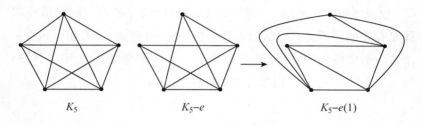

第 5 题图

（2）由于在图 $K_{3,3}$ 中，每个顶点和每条边的地位都是平等的，因此不管去掉哪一条边，所得图形都是"相同"的（指它们可以互相变形）。因此我们只需任取一条边 e，证明 $K_{3,3} - e$ 是可平面图即可。

例如去掉图 $K_{3,3}$ 中左边的一条边 e 得图 $K_{3,3} - e$，将它变形为图 $K_{3,3} - e(1)$，这是图 $K_{3,3} - e$ 的一个平面嵌入，因此，$K_{3,3} - e$ 是可平面图。

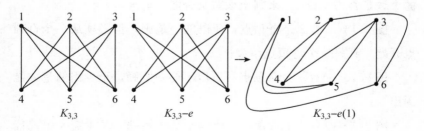

第 5 题图

习题 6

1. 先将问题转化为一笔画问题：将各块陆地用点表示，连接各地的桥用连接两点的弧表示，得第 1 题图。图中从各点出发的弧的条数分别为 $A(5)$，$B(4)$，$C(3)$，$D(4)$，有两个奇顶点 A 和 C，故该图可以一笔画，说明八座桥每座桥恰好各走一遍的散步路线是存在的，不过必须从通奇数座桥的地方（例如 A）出发，到另一个通奇数座桥的地方（例如 C）结束，一条具体路线如（见第 1 题图）$AaBbAeDhBfDgCdAcC$。

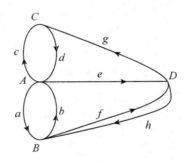

第 1 题图

2. 数一数图 9.15 的各图中奇顶点的个数，根据各图中奇顶点的个数是否为 0 或 2，来判定该图是否能一笔画。

图 9.15(a)有 2 个奇顶点，所以能一笔画，但必须从一个奇顶点开始，到另一个奇顶点结束；

图 9.15(b)有 4 个奇顶点，所以不能一笔画，至少需两笔才能画出；

图 9.15(c)有 8 个奇顶点，所以不能一笔画，至少需 4 笔才能画出；

图 9.15(d)没有奇顶点，所以能一笔画；

图 9.15(e)没有奇顶点，所以能一笔画；

图 9.15(f)没有奇顶点，所以能一笔画。

3. 该问题等价于第 3 题图(a)中有 16 座门，问每座门都各走一次的路线是否存在的问题，再转化为第 3 题图(b)能否一笔画的问题。

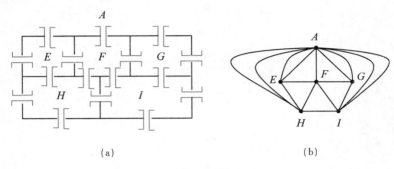

(a)　　　　　　　　　　　　　(b)

第 3 题图

由于第 3 题图(b)中有 4 个奇顶点($A(9)$，$F(5)$，$H(5)$，$I(5)$)，所以不能一笔画。说明原问题中符合要求的折线是不存在的。

4. 为了能一笔画，且使所走路线的路程最短，需要重复走的路段如第 4 题图(a)所示。

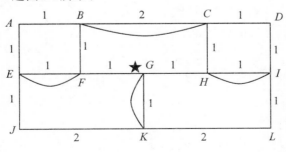

第 4 题图(a)

最短路线的长度为 $12+7+5=24$(km)。最短路线如第 4 题图 (b)中虚线所示。

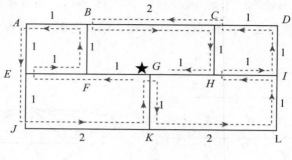

第 4 题图(b)

习题 7

1. 如第 1 题图，对任一点 X，考察以 X 为始点所作以任意两个不同的容许方向为方向的射线，计算它们与多边形曲线 p 交点的个数，看看会发生什么样的变化？会不会从奇数个变成偶数个，或者从偶数个变成奇数个？

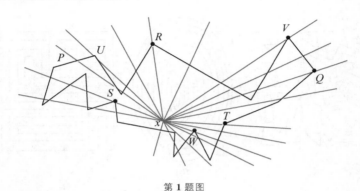

第 1 题图

由于有了关于真交点顶点和假交点顶点的规定，从一点出发的诸射线，从一条变到另一条的过程中，只有经过假交点顶点时，交点的个数才会发生变化，而且是同时增加两个交点，或者是同时减少两个交点，因此不改变交点个数的奇偶性。因此一点属于 A 类还是 B 类，与容许方向的选择无关。从而保证了定理证明中关于 A 类和 B 类的定义是合理的。图中从点 X 出发的所有射线与曲线 p 的交点的个数皆为奇数，图中点 S，U，V，W 是假交点顶点，R，Q，T 是真交点顶点。

2. 对于平面上不属于简单闭曲线 c 的一点，选取一个到边界最近或者看上去与曲线交点较少的方向，以该点为始点，依选定方向作射线（要求该射线不与曲线的任何一段重合）。若该射线与曲线 c 有奇数个交点，则该点属于曲线的内部；若该射线与曲线 c

有偶数个交点，则该点属于曲线的外部。根据此方法可得，图
10.1(a)中的点 P 属于曲线的内部，点 Q 属于外部；图 10.1(b)中
的点 P 属于曲线的外部，点 Q 属于内部；图 10.1(c)中的点 P 属
于曲线的外部，点 Q 属于内部。（图中各射线箭头边的数字是该射
线与曲线交点的个数。）

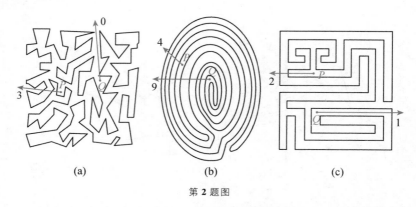

(a)   (b)   (c)

第 2 题图

　3. 解法 1　根据点 A 位于简单闭曲线的内部，补出该简单闭
曲线被遮盖的部分，如第 3 题图(a)中虚曲线所示，从补全的图形
可得点 B 也位于该简单闭曲线的内部。

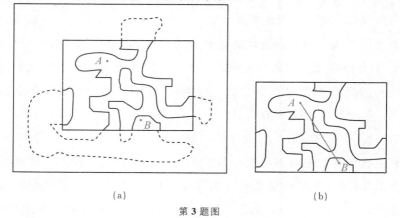

(a)   (b)

第 3 题图

　　解法 2　连接点 A 和点 B 如第 3 题图(b)所示，数一数线段 AB 与已知简单闭曲线的交点个数为 4，是偶数，可得知点 A 和点 B 有相同的奇偶性，因此点 A 和点 B 属于同一类。由题设，已知点 A 位于该简单闭曲线的内部，因此，点 B 也位于该简单闭曲线的内部。

　　4. 在环面上可以画出满足要求的图形如下：（见第 4 题图）

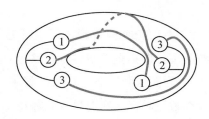

第 4 题图

习题 8

1. 对隔挡的条数 n，分 3 种情况进行讨论：

（1）当 n 为偶数时，两个同心圆之间的部分，被偶数条隔挡分成偶数个区域。这偶数个区域只用两种颜色即可正确地着色——两种颜色相间排列即可。再加上小圆内部和大圆外部，这两个区域可同涂第三种颜色。因此，这时，地图最少需用 3 种不同的颜色就能正确地着色；

（2）当 n 为奇数 1 时，两个同心圆之间的部分，不能被 1 条隔挡分成两个不同的区域，即仍是 1 个区域，这样，只用 1 两种颜色即可。再加上小圆内部和大圆外部，这两个区域可同涂第 2 种颜色。因此，当 n 为奇数 1 时，这地图最少只需用 2 种不同的颜色即可正确地着色；

（3）当 n 为大于 1 的奇数时，记 $n = 2m + 1 (m > 0)$，两个同心圆之间的部分，被 $2m + 1$ 条隔挡分成 $2m + 1$ 个区域。从任意一个隔挡开始，前 $2m$ 个区域只用两种颜色即可正确地着色——两种颜色相间排列即可。第 $2m + 1$ 个区域涂上第 3 种颜色。再加上小圆内部和大圆外部，这两个区域可同涂第 4 种颜色。因此，这时，地图最少需用 4 种不同的颜色才能正确地着色。

2. 首先，对于任意一个顶点 A，由于在顶点 A 处有偶数条棱，于是 A 点是偶数个区域的公共顶点，且这偶数个区域顺次相邻。按照着色要求，这偶数个区域只要两种颜色即可正确着色所涂的颜色为①和②相间排列即可（见第 2 题图）。因此，在每一个顶点周围，只用两种颜色就可正确地着色。

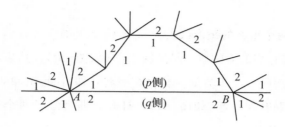

第 2 题图

其次，对于任意一条（曲）线段 AB，此处 A，B 是两个相邻的顶点，是某个区域的一条边。设 AB 一侧（p 侧）的区域涂颜色①，由于在顶点 A 处有偶数条棱，A 点周围有偶数个区域顺次相邻，所涂的颜色为①和②相间排列，因此 AB 另一侧（q 侧）所涂颜色为②。由顶点 B 也得到同样的结果。这样，就得到在 AB 两侧的正确着色。

由上可得，若以 AB 为一边的区域涂颜色①，则与其相邻的所有区域所涂颜色皆为②。同样的道理，若一个区域涂颜色②，则与其相邻的所有区域所涂颜色皆为①。如此，这样的地图，只用两种颜色即可正确地着色。

习题 9

1. 设两个重叠的矩形纸条为 $A_1B_1C_1D_1$ 和 $A_2B_2C_2D_2$（如第 1 题图(a)），将它们的 CD 端一起扭转 $180°$（如图(b)），然后将它们弯曲过来（如图(c)），两端依次黏合在一起，即将 A_2B_2 和 C_1D_1，A_1B_1 和 C_2D_2 黏合在一起（如图(d)），打开后即为绕了两个半圈儿的大纸环儿（如图(e)）。

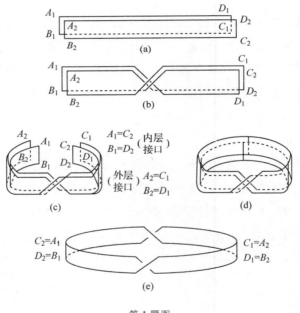

第 1 题图

为什么不是"双层的"莫比乌斯带而是一个大环儿，全部奥秘就在于两张纸条重叠在一起一上一下，将一端扭转 $180°$ 后，这一端两张纸条的上下位置颠倒过来了，依次黏合时第二张纸条的 AB 端（A_2B_2）和第一张纸条的 CD 端（C_1D_1）粘在一起，而第一张纸条的 AB 端（A_1B_1）和第二张纸条的 CD 端（C_2D_2）粘在了一起。于是拼成了一个大环儿，而不是"双层的"莫比乌斯带。

2. 得到一个三环面，过程见下图。

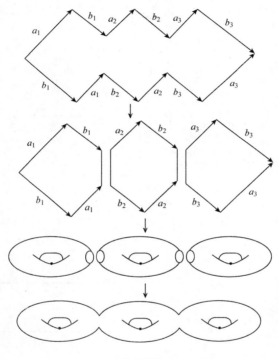

第 2 题图

3. 证法 1　过程如第 3 题图(a)所示。

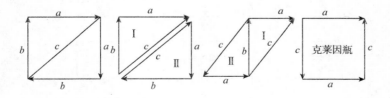

第 3 题图(a)

证法 2　过程如第 3 题图(b)所示：原图可以剖分成两个三角形 Ⅰ 和 Ⅱ，由本章的例题知，它们各表示一个莫比乌斯带，把两个莫比乌斯带沿边缘 c 黏合在一起，由本章的讨论知(参见图 13.18)得一克莱因瓶。

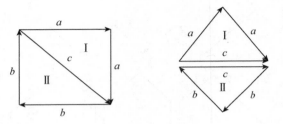

第 3 题图(b)

4. 莫比乌斯带沿中线剪开，得到(同胚于)一个圆柱面，过程见第 4 题图。

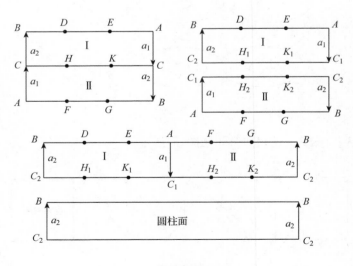

第 4 题图

习题 10

1. 安装了 k 个环柄的球面 P_k，是在球面上挖 k 个圆孔，然后在每一个圆孔上黏合一个环柄所得到的。

球面的欧拉示性数是 2，挖 1 个孔的球面的欧拉示性数是 $2-1$，挖 k 个孔的球面的欧拉示性数是 $2-k$。

由图 14.9(a) 给出的环面的三角剖分可得环面的欧拉示性数是 0，环柄是由环面挖一个孔得到的，因此可得，环柄的欧拉示性数是 $0-1=-1$。

我们已知，将两个带有同胚于圆周的边缘的曲面沿边缘黏合起来，所得曲面的欧拉示性数，是这两个带边缘曲面的欧拉示性数之和。由于 P_k 是在挖了 k 个圆孔的球面的每一个圆孔上黏合一个环柄，因此，P_k 它的欧拉示性数

$$\chi(P_k)=(2-k)+k(-1)=2-2k。$$

由图 14.9(e) 给出的莫比乌斯带的三角剖分，可得莫比乌斯带的欧拉示性数是 0。由于 N_q 是在挖了 q 个圆孔的球面的每一个圆孔上黏合一个莫比乌斯带，因此，N_q 的欧拉示性数

$$\chi(N_q)=(2-q)+q(0)=2-q。$$

2. 对于环面的一个三角剖分中的所有三角形，可以给出一个协合的方向，如第 2 题图(a) 所示，因此，环面是可以定向的。

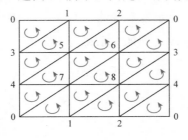

第 **2** 题图(a)

对于射影平面的一个三角剖分，如第 2 题图（b），从△146 开始，任意给定一个方向，例如 1→4→6→1 的方向，按协合方向的要求依次给相邻的三角形规定方向，到△346 时，应是 3→4→6→3 的方向，这样，在相邻两个三角形△346 和△146 的公共边 46 上诱导的方向相同，都是 4→6，见第 2 题图（b），即不是协合的。为了使得在相邻两个三角形△346 和△146 的公共边 46 上诱导的方向相反，将△146 的方向反转（6→4→1→6），则与之相邻的三角形的方向，依次都必须反转，这样，到△346 时，方向也必须反转，在相邻两个三角形△346 和△146 的公共边 46 上诱导的方向仍相同，都是 6→4，见第 2 题图（c），这组方向也不是协合的。这就说明从△146 开始，不论取哪一种方向（只有两种不同的方向），都得不到协合的方向。从别的任何一个三角形开始，情况也一样。因此这个三角剖分不存在协合方向，因而射影平面是不可定向的。

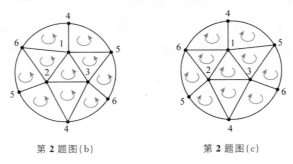

第 2 题图（b）　　　　第 2 题图（c）

3. 由曲面的欧拉示性数及曲面 S 的三角剖分中顶点数 V、棱数 E 及三角形面数 F 之间的关系得

$$F=\frac{2E}{3},$$

$$E=3(V-\chi(S)),$$

$$V\geqslant\frac{1}{2}(7+\sqrt{49-24\chi(S)})。$$

　　射影平面 P^2 的欧拉示性数 $\chi(P^2)=1$（由图 14.9(b)给出的射影平面的三角剖分，很容易得到）。由

$$V \geqslant \frac{1}{2}(7+\sqrt{49-24\,\chi(P^2)})=\frac{1}{2}(7+\sqrt{49-24})=6,$$

$$E=3(V-\chi(P^2))\geqslant 3(6-1)=15,$$

$$F=\frac{2}{3}E\geqslant \frac{2}{3}(15)=10。$$

　　因此，射影平面的任意三角剖分，不得少于 6 个顶点，15 条边，10 个三角形。图 14.9(b)给出的射影平面的三角剖分图，就是射影平面的一个最小的三角剖分。

　　4. 已知环面的欧拉示性数 $\chi(环面)=0$，得

$$V \geqslant \frac{1}{2}(7+\sqrt{49-24\times 0})=7,$$

$$E \geqslant 3(7-0)=21,$$

$$F \geqslant \frac{2}{3}(21)=14。$$

　　即得环面的最小三角剖分为 $V=7$，$E=21$，$F=14$。这样的最小三角剖分可以有多种不同的剖分画法，一种剖分画法如第 4 题图所示（画图时注意：每两个不同点之间，都要有线段相连；对称性；在表示组成一个圆的线段或折线段上至少要有 3 个不同的点）。

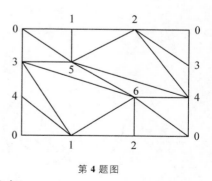

第 4 题图

　　5. 环面和克莱因瓶，它们的欧拉示性数都是 0（由图 14.9(a)和(c)给出的环面和克莱因瓶的三角剖分，很容易得到）。但环面是可定向的，而克莱因瓶是不可定向的，因此，它们不同胚。

习题 11

1.

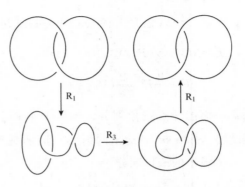

第 1 题图

2.（各图中把实粗线移到虚粗线的位置上，同一条线段变形前后标以同一个英文字母）

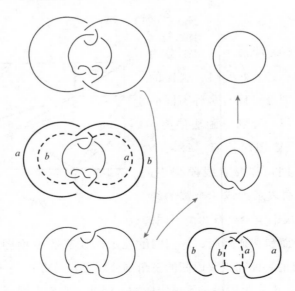

第 2 题图

习题 12

1.（1）霍普夫链的投影图由两条曲线段组成，若涂成同一种颜色，则不符合三色性的要求；因此，只能涂两种不同颜色，见第 1 题图（a）。这样，在每个交叉点处的三条线段，只有两种颜色，也不符合三色性的要求，所以霍普夫链不具有三色性。从而霍普夫链是不可分离的，因而不是平凡链。

霍普夫链

第 **1** 题图(a)

（2）怀特海德链，在其投影图的交叉点 A，B，C，D 处，可以将各线段按照符合三色性的要求着色，如第 1 题图（b）之（a）所示，此时投影图的所有线段皆已着色，但在交叉点 P 和 Q 处不符合三色性的要求；若在交叉点 P 和 Q 处调整线段的着色，使之符合三色性的要求，但此时不能使交叉点 B 和 A 两处同时符合三色性的要求，如第 1 题图（b）之（b）所示，同样也不能使交叉点 C 和 D 两处同时符合三色性的要求。可见无论怎样着色，都不能使所有交叉点处皆符合三色性的要求，因此，怀特海德链不具有三色性。从而怀特海德链是不可分离的，因而不是平凡链。

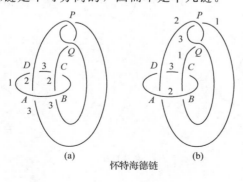

怀特海德链

第 **1** 题图(b)

（3）鲍罗曼环的投影图由三个圆圈 a，b，c 各分成两段，共 6 个曲线段组成。圆 a 分成两段，形成两个缺口，将这两段涂上不同的颜色 1 和 2。圆 b 分成的两段恰好从圆 a 的两个缺口处通过。为了在交叉点 P 和 Q 处满足三色性，圆 b 分成的这两段必须涂上同一种颜色（即第三种颜色 3），如第 1 题图（c）所示。这样，圆 c 分成的

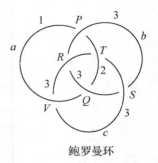

鲍罗曼环

第 1 题图（c）

两段从圆 b 的两个缺口 R 和 S 处通过时，为了满足三色性的要求，只能都涂上颜色 3，但这时在圆 c 的两段与圆 a 的两个交点 T 和 V 处，都不符合三色性的要求。因此，鲍罗曼环不具有三色性。从而鲍罗曼环是不可分离的，因而不是平凡链。

2. 把拆接关系式用于第 2 题图，左边的是负简单圈套，右边的是左手三叶结（变形过程见虚线框），中间是 4_1^2，于是有

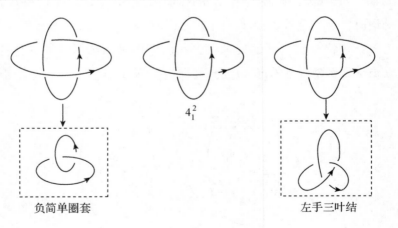

4_1^2

负简单圈套　　　　　　　　左手三叶结

第 2 题图

$t^{-1} \cdot V($负简单圈套$)-t \cdot V(4_1^2)=(t^{\frac{1}{2}}-t^{-\frac{1}{2}}) \cdot V($左手三叶结$)$。

已知 $V($负简单圈套$)=-t^{-\frac{5}{2}}-t^{-\frac{1}{2}}$，$V($左手三叶结$)=-t^{-4}+t^{-3}+t^{-1}$，

代入上式得

$t^{-1} \cdot (-t^{-\frac{5}{2}}-t^{-\frac{1}{2}})-t \cdot V(4_1^2)=(t^{\frac{1}{2}}-t^{-\frac{1}{2}}) \cdot (-t^{-4}+t^{-3}+t^{-1})$。

计算可得

$$V(4_1^2)=-t^{-\frac{11}{2}}+t^{-\frac{9}{2}}-t^{-\frac{7}{2}}-t^{-\frac{3}{2}}。$$

3. 首先将易散结分解为两个纽结(a)和(b)的连通和，过程见下图(第 3 题图(a))。

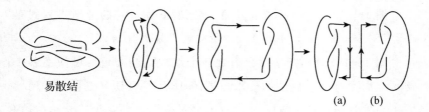

第 3 题图(**a**)

易见纽结(a)和(b)是同痕的。纽结(a)同痕于右手三叶结，变形过程如图所示(第 3 题图(b))。

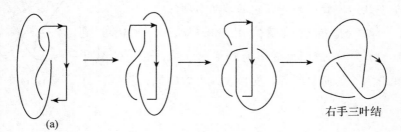

第 3 题图(**b**)

因此，易散结是两个右手三叶结的连通和。根据第 16 节的公式（2°），将两个右手三叶结的琼斯多项式相乘即得易散结的琼斯多项式，

$$V(易散结)=V(右手三叶结)\cdot V(右手三叶结)。$$

已知 $V(右手三叶结)=t+t^3-t^4$，代入上式得

$$V(易散结)=(t+t^3-t^4)\cdot (t+t^3-t^4)$$
$$=t^2+2t^4-2t^5+t^6-2t^7+t^8。$$

 　*　　　*　　　*　　　*

* **智力趣题（P195）之参考答案如下：**

图 16.17(b)(c)(e) 皆可经过初等变换及平面变形变成平凡结（过程略）；

图 16.17(a) 是 8 字结，由 §16 之例 6 知，它的琼斯多项式是 $t^{-2}-t^{-1}+1-t+t^2$，不等于 1，所以它不是平凡结；

图 16.17(d)，将其投影图之各个线段适当着色，可使在各个交叉点周围符合三色性的要求，即图 16.17(d) 具有三色性，因此它不是平凡结；也可将图 16.17(d) 经过变形得到左手三叶结（过程略），而左手三叶结具有三色性或其琼斯多项式是 $-t^{-4}+t^{-3}+t^{-1}$，不等于 1，所以它不是平凡结；

图 16.17(f) 的投影图为图 16.19，为了证明它不是平凡结，我们来计算它的琼斯多项式。

解　把拆接关系式用于图 16.20，左边是图 16.19，中间的图可变形为右手三叶结，右边的图可变形为正的简单圈套，变形过程见虚线框。于是有

图 **16.19**

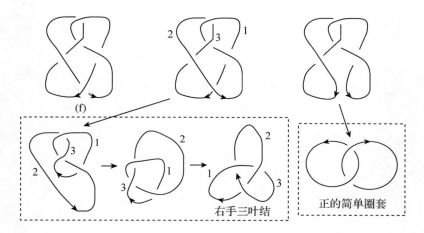

(f)

右手三叶结　　　正的简单圈套

图 16.20

$t^{-1} \cdot V(图\ 16.19) - t \cdot V(右手三叶结) = (t^{\frac{1}{2}} - t^{-\frac{1}{2}}) \cdot V(正的$
简单圈套）。

将已经知道的右手三叶结和正的简单圈套的琼斯多项式代
入，得

$$t^{-1} \cdot V(图\ 16.19) - t \cdot (t + t^3 - t^4) = (t^{\frac{1}{2}} - t^{-\frac{1}{2}}) \cdot (-t^{\frac{1}{2}} - t^{\frac{5}{2}}),$$
从而得

$$V(图\ 16.19) = t - t^2 + 2t^3 - t^4 + t^5 - t^6 。$$

图 16.19 的琼斯多项式是 $t - t^2 + 2t^3 - t^4 + t^5 - t^6$，不等于 1，
所以它不是平凡结。